派崔克・貝大衛
Patrick Bet-David
著

格雷格・丁金
Greg Dinkin

陳映竹
譯

步步為贏

YOUR NEXT FIVE MOVES
MASTER THE ART
OF BUSINESS STRATEGY

超前部署你的下五步
學習億萬富翁企業家的致勝謀略

獻給我的父親 Gabreal Bet-David，

我人生中的亞里斯多德。

關於本書

　　我敘述的這些故事可以追溯到 30 幾年前，所以我只能盡力精確地描述這些事件。書中提及名字和姓氏的人，皆是真實存在的人物。其餘只提及名字的人物，可能是融合了多人的性格特質，也可能是其名字與其他可辨識的細節已經有所更動，然而，他們故事的精髓是貨真價實的。

CONTENTS
目次

STEP 05　徹底學會使用力量

在踏出第一步之前

　　我第一次看到馬格努斯・卡爾森（Magnus Carlsen）的紀錄片《西洋棋王馬格努斯》（*Magnus*）的時候，就不停地思考著西洋棋跟商業之間的相似之處。卡爾森是一位挪威的西洋棋神童，13 歲時就獲得西洋棋特級大師的頭銜。說到遠見，他總是會設想到高達 15 步以後會發生的事情，如此一來，他就有能力可以去預測（並且控制）對手接下來的動作，厲害得令人背脊發涼；還有一件事也讓我印象深刻，就是他一絲不苟的嚴謹準備。正因為卡爾森在正式比賽之前，就已經在腦海裡把這局棋走過很多遍了，所以，即便是在戰況最激烈的時候，他依然可以保持沉著冷靜、鎮定自若。除此之外，他還得處理企業創辦人或是執行長每天都必須面對的那些事情。他說道：「如果你想要走到最頂尖的位置，那就一定會有讓自己孤立於旁人之外的風險。」

　　看完《西洋棋王馬格努斯》之後，我不斷思索著成功的創業家和西洋棋大師之間有哪些共同之處。因此，當我得知特斯拉（Tesla）和 SpaceX 的創辦人伊隆・馬斯克（Elon Musk）從年紀很小的時候就開始下西洋棋，我並不覺得驚

訝。「他可以把事情看得非常透澈，我認識的所有人都無法理解的那種程度，」他的弟弟金巴爾（Kimbal）如此說道，「西洋棋裡有個概念，如果你是特級大師等級的話，就有辦法預測到接下來的 12 步棋，而伊隆不管在什麼狀況之下，都可以看到接下來的 12 步該怎麼走。」

這段關於馬斯克的小故事，讓我們可以解釋這一切。大部分的人頂多只會想到接下來的一到兩步要怎麼走，這些都是外行人，在商場上很快就會油盡燈枯。真正有效的策略，重點是在走出一步棋的同時，也根據市場或是競爭者的反應，準備好發動另一套走法。當你真的變得很厲害的時候，你會去預測別人將有什麼樣的反應，也會有辦法部署一系列的招數，而且你幾乎會是勢在必行、無人能敵的。

雖然商業是場遊戲，需要事先設想到後面幾步怎麼走，但本書並不是要講西洋棋。本書要做的，是把西洋棋大師的遠見和思維模式拿來應用在商業上。事實上，就算你對於棋類遊戲一無所知也沒關係，接下來的內容並沒有任何真實西洋棋賽的例子，而是會列出很多男士與女士的成功典範，因為他們思考的方式跟西洋棋手很相似。

那些無法事先設想超過一步以上的人，他們的行為是由本我（ego）、情緒以及恐懼所驅動的。當你們公司裡那位最頂尖的業務威脅你，說如果不幫他加薪就要辭職，情緒化的外行人會這樣回應：「沒有人可以威脅我。」或是「反正我們也不需要他。」但另一方面，務實的謀略家則是暗自籌

劃著接下來的幾步該怎麼走。

　　這套處理事情的邏輯也適用於教養子女。孩子要什麼就給什麼，不管是糖果、iPad，或是你點頭允許他今天可以不用練鋼琴——感覺棒透了，他會微笑著跟你說他有多愛你。你也知道另一個選項是什麼，他發脾氣、大鬧一場，你則要承受他所有的憤怒和恨意——感覺糟透了。這個情境代表的意思，就跟商業上的許多決定一樣，有一個是明顯較簡單的選擇；另一個——包含事先想好接下來五步該怎麼走的那一個，則是**比較有效的選擇**。

　　要是我從業務員成為業務經理，再從創辦人成為執行長的那些時候，有人教我用這種方式思考就好了。若是有這種批判思考的能力，我在事業發展的每個階段就有辦法省下幾百萬美元，並且讓恐慌症少發作個好幾十次。當我思索著自己是怎麼從一個暴躁性急、沒安全感、狂妄自負的健身俱樂部業務員，成為一個善於謀略、具有自我意識、有自信的執行長時，我看到的關鍵就是：**學會事先布局接下來的至少五步棋**。

　　有些成就卓越的人可能會好奇：為什麼只有五步？原因有兩個。首先，**五步是深思熟慮的謀略以及快速行動的完美交集**。雖然有些時候，你可能會想要設想得比五步更多、更遠，像是在年度移地度假會議 [1] 上，或是當你在分析一個重

1　譯注：off-site meeting，意指在度假村或飯店進行的會議，通常兼具娛樂及教育訓練之目的。

要的收購案時（或是要在火星上建立殖民地時），但是，設想太多步可能會讓你因爲分析而麻痺、無法行動。五步已經足以確保你確實對未來的結果進行了預測，並且知道接下來要出什麼招，以及要怎麼拆別人的招。第二個原因是，從宏觀的角度來看，在商場上要精通成功之道，你也需要五個步驟。我將本書按照這五個步驟分成五個部分，以確保你能徹底理解，若想取得成功，你需要做些什麼。

世界上有許多事情是我做不到的，我的身高是 195 公分左右，體重大約 109 公斤，但我不會打籃球，也不會打美式足球。我不會寫程式，也沒辦法從無到有、把一個引擎拆開之後再重新組裝回去。但若要說有什麼是我會的，倒是有那麼一件事，就是協助創業家與那些掛著「首席」頭銜的公司高層整理出一個策略，並攻克市場。當我跟某位創辦人或是執行長一起進到董事會的房間、坐下來談的時候，我們是用遊戲的角度來處理策略的。生意和西洋棋（或是大富翁、電玩遊戲〈最終幻想〉系列）之間唯一的差別在於，我們之所以玩這場遊戲，並不是爲了要有向別人吹噓的權利，而是爲了裡面的好幾百萬美元（或是幾十億美元）。有了這樣的思維模式之後，領導人就能學習該如何制定策略，讓自己站在能夠成長、擴張的位置上。

身爲公司高層的顧問與學生們的嚮導，同時還是一個擁有雄心壯志的創業家，我最常被問到的問題之一就是：我應該要辭職，自己開公司嗎？其他常見的問題還有：我應該要

用什麼方法籌資？發行股票還是債券比較好？我要怎麼設計薪酬與獎勵結構，來吸引並留住「首席級」的高層？還有那些純粹賺佣金的業務團隊呢？我現在應該要擴張到全球，或是等待市場條件有所改變？

在商場上，那些簡單的問題都是二元對立的，答案不是對就是錯，陷阱在於──認為所有問題的答案都是非黑即白的。其實，不管是什麼問題，其答案都是經過一系列行動，按照適當的順序布局後的成果。而「專家們」通常會讓情況變得更糟，因為他們會給出「是」或「不是」的答案，彷彿人人都可適用同樣的框架似的。這正是我們的第一步就是要搞清楚自己是誰、想要什麼的原因。

我看到的另一個問題是缺乏計畫。**熱忱可以是相當強大的一股力量，只要你好好計畫接下來的五步棋**，並且兩相搭配的話。有太多人都想要跳過第一步到第四步，直接去執行第五步的行動，但這些行動是有順序的，要抵達下一個階段，你得先從單軌式的思考模式（只看得到下一步棋），轉變成可以看到之後許多步的思考模式。

如果你很清楚自己想成為一名創業家，那麼辭職可能會是你的第四步，這個念頭也可能會衍生出一連串的行動，讓你在目前服務的公司裡創造出一個職位（成為一位內部企業家，這部分我們在第 3 章會談到）。如果你有家庭、沒有任何存款，那麼辭職絕對不會是你的第一個步驟。事實上，你甚至可能不用辭職，就可以成為你想成為的人。不管你正在

人生的哪個階段，或者是你的公司處於哪個階段，本書裡的資訊皆可適用。你可能會當上財務長，也很樂在其中；或是成爲一個自由接案者，享受接案的多元與變化，以及成爲「個體企業家」（solopreneur）的彈性。我這麼喜歡商業，其中一個原因就是因爲每個人都可以找到一條路，只要你有自我意識，並且有意願事先設想接下來的五步該怎麼走。

　　無論哪條路符合你的狀況和條件，高明的謀略家的特殊之處在於他們沙盤推演的能力。能幹的軍事領袖有著事先計畫接下來好幾步的本領；頂尖的格鬥家知道要怎麼設下圈套讓對手中計，他們可能會在比賽剛開始時先輸掉一場，因爲在一開始時看似對自己不利的動作，到頭來可能是一個餌，只爲引誘對手在下一場比賽中犯錯。世界級的撲克牌玩家也是如此，他們可能會先虛張聲勢或犧牲一些籌碼，好讓一切到位，以利進行接下來一系列的行動，最後將對手徹底擊敗。雖然我們不一定要將巴菲特（Warren Buffett）視爲一位西洋棋大師，但是他持續性的成功，是來自於他有耐心且具策略性的方法。巴菲特並不是試著要拿下特定的一筆交易，或是某一季乃至於某一年的交易，他一系列的行動是爲了要從長計議，取得長期的勝利。

　　NBA 的傳奇柯比‧布萊恩（Kobe Bryant），在他悲劇般離世的 6 個月之前，曾經告訴過我，他 13 歲時就已經知道自己想要成爲史上最偉大的籃球員，當時，他是國內排名第 56 名的球員。他做了一份「暗殺名單」，上面寫滿了排在

他前面所有人的名字，5 年過後，他的排名超越了這些人，並且在高中畢業後，在第一輪選秀中就直接進了 NBA。據傳，麥可・喬丹（Michael Jordan）曾經以美國代表隊的身分出戰 1984 年的奧運，目的是要得知隊友的弱點，待他重回 NBA 時去利用這些弱點。這兩位球員都是行家級的謀略家，總是會想到接下來的至少五步該怎麼走，而你也需要用這種方式思考，尤其是當你想要在市場中有競爭力，並且最終稱霸於你所屬的產業。

■　■　■　■　■

在接下來的內容中，我會把所有必要的資訊都告訴你，讓你可以用行家級謀略家的方式來思考。我會告訴你要如何——

1. 清楚劃分自己與旁人的差異，明確傳達你的獨特價值。
2. 找到投資人，提高公司價值，讓你在退場之際有利可圖。
3. 吸引頂尖人才，設計出能夠培養、留住他們的獎勵制度。
4. 在快速成長期依然可以維持一套體系，在混亂時依然可以保有力量與理智。
5. 處理問題、做出決策，以及有效地解決問題。
6. 了解自己想要成為什麼樣的人，以及將會留下哪些資產。
7. 使出渾身解數去協商、銷售、擬定策略。

當你拿起這本書時，可能會覺得自己缺乏開設一家公司的教育背景或是資源，或者你也可能是一個智商很高的人，但因為總是想太多，以致無法下定決心拯救自己的人生；你的起點在哪都沒關係。如果你心中還是有所懷疑，認為有的人可能無法有所成長、成為一位企業家，那麼請你聽聽我的故事。

所有認識我的人，都會替我貼上這個標籤：「最不可能成功的那個傢伙。」你將會看到我是怎麼從一個完全不會未雨綢繆的人（而結果就是 26 張信用卡，卡債總額超過 49,000 美元）成為一名執行長；你會看到我是如何建立 PHP 事務所，一家提供金融服務行銷的公司，剛開始時，辦公室位於加州北嶺，只有 66 位保險業務員，在 10 年之後，成為了擁有 120 處辦公室以及超過 15,000 位業務員的公司，服務橫跨美國 49 州和波多黎各（Puerto Rico）。

我們的事務所因為獨特的多樣性、千禧世代的文化，以及社群媒體上的聲量而獲得認可，這讓我相當驕傲。我們在人壽保險產業取得如此大的成功，而這個產業的名聲一直都是「很無聊」。我們的成功並不僅是因為人脈，也完全不能歸功於運氣好。事實上，我個人的背景就證明了企業家不論出身，而且企業家會有的特質，你也都有。

最不可能成為執行長的執行長

我是在德黑蘭長大的，那是伊朗的首都。1987 年，兩

伊戰爭期間，我和家人在隨時都有可能被攻擊的危險下生活。即便當時我年僅 8 歲，那些聲音至今依然在我腦中揮之不去。每次攻擊開始時，都會有空襲警報先響起，光是這個聲音就足以刺穿你的靈魂；接著會有一個聲音警告敵機已經跨越邊境，最後，我們會聽到炸彈從空中落下的呼嘯聲。

在每一次的呼嘯聲之後，我們都祈禱著身處的避難所不會被炸彈擊中。我仍記得我與父母緊靠在一起，被恐懼所麻痺。有一天，我母親終於受夠了，他告訴我父親，如果我們不離開這個國家，他們的兒子就會被困在這裡，而且得在伊朗軍中服役，而我父親意識到一件事：不採取行動，就一定會失敗。

我、姊姊和父母，坐上了一台白色的雙門雷諾汽車，向著卡拉季（Karaj）開去，那是距離德黑蘭大約 2 個小時車程的城市，要抵達那裡，我們必須先經過一座橋。然而，就在我們才剛過了橋，身後馬上就出現一大片的閃光。我爸叫我和姊姊千萬不要回頭，但我們還是忍不住回頭了，我當時真應該聽他的話。我們一轉身，就看到一顆炸彈直直地掉落在我們才剛安全通過的那座橋上，整座橋當場炸毀，距離我們就只有 90 公尺左右。時至今日，當時的情景對我來說依然難以用言語形容。我只能說任何人（更別提兩個嚇壞的孩子）都不該親眼目睹這種事情。

直到現在，我依然可以在腦海中重播當時的情境，彷彿一切都是昨日才剛發生的一樣。這樣的瞬間可能會讓一個人

崩潰，但也可能會培養出一個人對於痛苦與逆境的超凡忍耐力。總之，我們設法避開災難，逃了出來。我們在德國愛爾朗根（Erlangen）的難民營住了 2 年，才終於在 1990 年 11 月 28 日搬到美國加州的格倫代爾（Glendale）。我們抵達美國時，我才剛滿 12 歲，只會講一點點英文，而且從一個被戰爭嚴重破壞的國家逃出來的恐怖畫面，依然縈繞在我心中。

我要感謝我的父母在生死關頭做出正確的決定，走出了正確的一步棋，所以我至今仍然活著，是一個驕傲的美國公民，創辦的公司繁榮昌盛，還有一個美麗的家庭。

■ ■ ■ ■ ■

當你學會設想接下來的五步該怎麼走，可能會覺得自己彷彿變成一個讀心術者，但其實是因為你已經看過這些行動和步驟太多次了，因此你可以預期對手接下來要說什麼、做什麼。我賭你現在一定在想：我做得到嗎？我真的有辦法從一個毫無經驗的人，成為一個可以進行策略性思考，並且建立一個帝國的人嗎？

你可能會說：「可是，派崔克啊，你本來就很會講話，天生就流著企業家的血。而且你可比我聰明多了。」

比你聰明？真的嗎？先看看以下這些事：

1. 我高中差點畢不了業，我的 GPA 是 1.8，SAT 拿了 880 分

（滿分 1,600 分），從未踏入任何一間四年制大學，朋友和親戚老是對我說，我這輩子絕對不可能有什麼成就。

2. 你認為我口才很好嗎？在 41 歲的年紀，我還是會因為我的口音而被取笑。作為一個移民的青少年，我對於某些詞發音的恐懼更甚於對戰爭的害怕。像是「星期三」（Wednesday）、「島嶼」（island）、「政府」（government），對我來說是最有挑戰性的，而當時那部情境喜劇《蓋里甘之島》（*Gilligan's Island*）正走紅。你可以想像這兩個詞我是怎麼發音的，以及我被欺負地多慘。

3. 抵達美國之後，我的父母便離婚了。我大部分的時間是跟我媽一起住，她當時是靠著社會救濟金過日子。即便我是個喜歡運動的孩子，又是個高個兒，我還是沒能去打籃球，因為我們付不起 YMCA 每個月 13.5 美元的會費。

4. 我 18 歲時去從軍，因為我認為自己沒有其他選擇了。當我 21 歲，那些真正有頭腦的人開始追求自己的事業時，我在倍力健身（Bally Total Fitness）公司推銷健身房的付費會員資格。

從某方面來看，我好像不可能有任何辦法在這種糟糕的賠率下翻盤、贏得勝利；而另一方面，這些挑戰正是致使我成功的燃料。要不是我經歷過那些逆境，想要成功的欲望也不會這麼強烈。

讓我們先開門見山地說清楚一件事：欲望，是我沒辦法教會你的東西。如果你比較喜歡避開辛苦的工作，如果你完全沒有要在人生中做大事的欲望，那我也沒什麼能幫你的。本書是寫給那些具有好奇心的人，他們想要知道自己最好的樣子會是如何，並且正在尋找正確的策略，好讓自己可以達成目標。他們在尋找的不只是動力，而是經過事實證明、真正有效的策略；他們想要一組有效的公式，讓自己可以更快抵達下個階段。這些，聽起來像是在說你嗎？

■　■　■　■　■

　　說到公式，我不只是很勤於分享而已，也同樣孜孜不倦地替這些人搜索新的公式。回到 2013 年，當時我剛開始做影片，講述對我而言有什麼東西在商業上是有用的。那時只有我、我的左右手馬力歐（Mario），還有一台 Canon EOS Rebel T3 相機（這台相機一般來說只會用於靜態攝影）。我們一開始將這些影片取名為「跟派崔克聊兩分鐘」（Two Minutes with Pat），然後將影片上傳到 YouTube。1 年之內，我們有了 60 個訂閱者，並且把頻道改名為「價值娛樂」（Valuetainment）。3 年後，我們有了 100,000 個訂閱者，也建立了名聲——我們會創作有用且務實的內容。2020 年 3 月，我們的訂閱者超過 200 萬人。在這期間，我向各行各業的人提出了建議。2019 年 5 月，我們舉辦了第一次的大型

會議「拱頂」（Vault），有來自 43 個國家、分屬於 140 個產業的 600 位企業家都親臨德州達拉斯出席會議，包括小型新創公司、各企業高層，乃至營收高達 5,000 萬美元的頂尖公司的執行長。

大家爲什麼會投入他們辛辛苦苦賺來的錢，用來飛到地球的另一端，參加那場會議呢？爲什麼這些訂閱者都會參加呢？這是因爲我所學到的這些哲學和策略，是可以被傳遞給其他人的，而且都易於理解，也可以立即付諸實行。有許多訂閱者都開始自稱爲「價值娛樂人」，並且看見了大幅的收益。雖然我們不是傳統定義上的大學，像是哈佛、史丹佛、賓州大學華頓商學院，但是價值娛樂已經成爲了一個搖籃，孕育出世界各地許多成功的高階主管與企業家。

我堅定地認爲創業精神可以解決世界上大部分的問題，而我從經驗中不只學到該怎麼做，更學到要怎麼教會別人，讓他們同樣具備這種精神。從我個人生活的對話到團隊會議，再到高度緊繃的談判，我把我所擁有的一切智慧都放進這本書裡了，因爲我曾經親眼目睹、見證過這些東西眞的有用，所以我知道你也可以取得這樣的成功。

通往你的商業目標的路

你手中拿著的是一本教戰手冊，無論你有什麼樣的願景，本書目的就是要讓你實現這個願景。你不只會學到必備

的技能，也會學到你需要擁有的思考模式。於此同時，你也會看到，為了成為更好的領導人、更好的一個人，需要付出哪些努力。等你研讀過這五個步驟之後，就會擁有你所需的一切，不管你想要在商業上達成哪種類型的成就，都做得到。這五個步驟是：

1. 徹底了解自己
2. 徹底精通推理與判斷的能力
3. 徹底釐清如何建立適合的團隊
4. 徹底掌握擴張的策略
5. 徹底學會使用力量

第一步是關於了解自己，這個主題在商業圈很少被提及。在這個部分你會看到，若是缺乏自我意識，是不可能做到未雨綢繆、超前部署的。等你有了自我意識之後，就會有力量去做出選擇，也會有力量去控管自己的行動。最重要的是，當你知道自己想要成為什麼樣的人，你就會知道要走哪個方向，以及這個方向的重要性。

第二步是關於推理與判斷的能力。我會向你說明該怎麼處理問題，並且提供一套方法，讓你可以用來處理你將會面臨的所有問題，不管其牽涉到什麼樣的利益和風險。沒有哪個決定是非黑即白這麼簡單的，我會教你如何看出中間各種不同層次的灰色，儘管有些不確定性，但你依然可以果斷地

向前進。

第三步是關於理解他人，如此一來你就可以在身邊建立適合的團隊——會幫助你成長的那種團隊。雖然你可能會認為我的某些戰略相當具有馬基維利主義[2]的色彩，但是我所做的每件事情的核心，都是要帶領人們找到最好的自己。我會問他們一些問題，以揭露他們最深層的欲望。就如同我挑戰他們，要求他們去了解自己，我也會向你提出挑戰，要求你去理解你的人際關係。與員工和夥伴建立信任，會創造出很有價值的聯盟，能夠讓你的公司在各個部分都可以加速成長，也會讓你晚上可以睡個好覺。

第四步是關於如何實施擴張的策略，並締造出指數型成長，內容囊括了籌資、創造快速成長的方法，也會談到要如何讓大家為自己的行動負起應負的責任。等你讀到這個部分時，你的思考方式就會像是一位飽經風霜的執行長，也會學到該如何獲得並維持這份衝勁，以及如何打造出一套體系，讓你可以追蹤並衡量公司裡的關鍵面向。

第五步講的是力量的操控，我們會討論要怎麼打敗你所屬產業裡的歌利亞[3]，你也會看到要如何掌控那些關於你的

2　譯注：Machiavellian，心理學上人格特質的一種分類，通常具有對於他人冷淡、冷漠的傾向。具有此人格特質的人，可能會利用他人來達成自己的目標。

3　譯注：Goliath，聖經裡的巨人，後為大衛所敗，此故事常用來比喻小蝦米戰勝大鯨魚的狀況。

故事，並借助社群媒體的力量來形塑你的故事。你會學到心理學方面的知識，還會從世界上最惡名昭彰的商業組織之一──美國黑手黨（對，就是美國黑手黨，你很快就會知道為什麼了！）的內部人士那邊，獲知一些他們組織的祕密。而作為本書的結論，我會提及幾則令人驚嘆連連的故事，這些故事會讓你看到那些取得勝利的創業家是如何超前部署，事先想好接下來五步的行動。

■　■　■　■　■

雖然我並未接受過正式教育，但是我讀過 1,500 本以上的商業相關書籍。我曾經（現在依然）對於學習相當執著，我把從這些閱讀材料中得到的每一滴智慧都擠了出來，運用在我的公司裡。當「價值娛樂」這個頻道開始有起色的時候，我也開始訪問很多聰明絕頂的人和謀略家。我這麼做，同時有兩個目的，一直到現在還是一樣：我得以讓自己的事業和生活變得更好，此外，作為副產品，來自全世界的觀眾都可以因為這些智慧的結晶而有所收穫。

為了讓你理解那些最成功的創業家和謀略家是如何思考與運作的，我會分享他們的故事，包括一些我訪問過的人，像是瑞‧達利歐（Ray Dalio）、比利‧比恩（Billy Beane）、羅伯‧葛林（Robert Greene）、柯比‧布萊恩、珮蒂‧麥寇德（Patty McCord），以及一些黑手黨員，包括薩爾瓦多‧

格拉瓦諾（Salvatore Gravano），人稱公牛薩米（Sammy the Bull）。也有一些是我研究過並且遙遙景仰的人，像是史帝夫・賈伯斯（Steve Jobs）、雪柔・桑德伯格（Sheryl Sandberg），以及比爾・蓋茲（Bill Gates）。這些人都非常迷人，而他們的故事也會讓我所提出的建議更加生動。

　　本書的終極目標就是，不管你目前在哪個位置上，都有辦法成長茁壯。等到你讀完本書，就會清楚知道該怎麼規劃接下來五步的行動。

　　我的目標是讓你不斷發出「啊哈！原來如此！」的感嘆，以及教導你的大腦用全新方式處理資訊、制定策略。想像一下，當你試著要打開一個保險箱，但又不知道正確密碼的時候，心中油然而生的挫折感；然後再想像一下，你發現了那組正確的密碼，將保險箱打開後，發現裡面滿滿都是商業的知識和智慧結晶。閱讀本書，會讓你獲得一定程度的自信，不只會知道要做些什麼，也知道該怎麼做。因此，在你壯大個人品牌和事業的同時，將會獲得足夠的資源，並且有辦法解決各種程度的問題。

徹底了解自己

第 1 章

你想要成為什麼樣的人？

　　我相信擁有問題比擁有答案更好，因為問題會帶來更進一步的學習。畢竟，學習的目的不就是要讓你得到想要的東西嗎？你難道不是得從想要的東西開始著手，並且搞清楚，如果要得到這個東西，你就得學會些什麼嗎？

　　——瑞·達利歐，《原則：生活和工作》（*Principles: Life and Work*）
作者兼投資人，名列 2012 年《時代》雜誌世界百大影響力人物之一

■

　　麥克·道格拉斯（Michael Douglas）在 1987 年的電影《華爾街》（*Wall Street*）裡扮演哥頓·蓋柯的角色，他對查理·辛（Charlie Sheen）所飾演的巴德·福斯說道：「我說的不是那種在華爾街工作，每年賺個 400,000 美金、出國搭頭等艙、日子過得舒舒服服的傢伙。我說的是流動資產啊，有錢到擁有私人飛機的程度。」

　　有些人聽到這句話之後說道：「一年賺 400,000 美元，然後舒舒服服地過日子，在我聽來像是美夢成真啊！」有些

人則什麼也沒說，並且表示他們對物質的東西沒興趣。還有些人則是搥胸頓足、仰天長嘯，並表示他們有朝一日一定要擁有自己的私人飛機。而對我來說，重要的是，你怎麼想。

每當有人問我一個問題，不管他是正在尋求方向的高中生，還是經營著 5 億美元公司的執行長，我都是這樣回應的：「這取決於你回答我這個問題的時候有多誠實：你想要成為什麼樣的人？」

在這個章節中，我會引導你清楚地回答這個問題，也會向你說明要怎麼回到規劃人生的黑板上，替自己建立一組新的願景，以燃起你胸中的烈火，讓你付諸行動。我會解釋給你聽，為什麼事先規劃並投入執行計畫會讓你有爆發性的力量、能獲得你所需的所有能量和紀律。本書最關鍵的目標之一，就是要協助你更清楚地了解自己想成為什麼樣的人。

回答這些問題，以揭露你最深層的欲望

除非你知道什麼事情會讓自己心動，以及自己想成為什麼樣的人，否則一切都不重要。常常會有一種狀況是，顧問和意見領袖會認定每個人都想要同樣的東西。當我在跟一位執行長或是創辦人談話的時候，我都從問問題開始。在做出任何推薦或建議之前，我會盡可能去搜集我可以拿到的、最多的資訊，關於那位人士想要成為什麼樣的人，以及他或她

想要從生命中得到什麼。

　　並非每個人都知道自己想要什麼，我理解這一點，無法立刻給出所有答案是很正常的。請記住，這個問題以及本書裡的每一步，都是一個過程。我列出的所有例子、敘述的每個故事，都是爲了你而存在的。書裡的每一個例子，目的都是要讓你去反思，並且更加了解自己。如果你在這個時間點尙無一個清楚的答案，那你跟大多數人都一樣。我希望你可以保持開闊的心胸，懷抱著一個目標繼續讀下去，最終等時機成熟，你就可以達成目標：回答這個問題。

　　走這一步的目的，是要去識別哪些對你來說是最重要的，並協助你打造一組策略，符合你願意付出和投入的程度，也符合你的願景。我可能會對你產生一些影響，讓你去質疑某些決策或是某些你要用來實現願景的方法，但最終決定權還是在你身上；是否要讓自己面對更多的挑戰，並思考更大的格局，都取決於你自己。

　　「你想要成爲什麼樣的人？」當你追問自己這個問題時，你的答案也會決定你有多急迫。如果你想要的是在街角擺個小小的攤販，那就不必用像對待戰爭一樣的方式來對待你的生意，而是可以用輕鬆的方式來思考；但如果你是想要讓整個產業大地震，那你最好要有正確的故事、正確的團隊、正確的數據，以及正確的策略。好好花些時間，想清楚自己的故事——你究竟想要成爲什麼樣的人？否則，當戰況艱鉅的時候，你是無法眞正上場應戰的。而在商業上，戰情

永遠都相當艱鉅。

將你的痛苦化為燃料

我可以在這裡坐上一整天，說說你可能會擁有什麼樣的生活，談談跑車與私人飛機，還有你會遇到的名人，這些聽起來都很美妙，但是，首先你要承受比你想像所及還要更多的痛苦，才能走到那個地方。最能忍受痛苦的人、忍耐力最強的人，也是有最大機會在商業上取得勝利的人。

當我們自力更生了幾年之後，可能有很多人會變得相當憤世嫉俗，這是件醜陋的事情，但我經常看到這種狀況發生。在成長過程中，我們都有夢想，也替自己做了很多很多的計畫。然而，生活的壓力橫躺在路上，擋住了我們，這些計畫並不如我們所以為的那樣一一實現，接著我們對自己的能力失去信心，認為自己沒有能力專注於我們想要成為的人。或許你沒注意到，但這也會傷害到你是否走得出下一步的能力。

我們甚至會開始這麼想：「嘿，如果我無法把事情做完的話，那說自己要做些大事又有什麼意義？不如一開始就把目標訂低一點、打安全牌比較好。」

我們跟偉大成就之間，只隔著願景和達成偉大成就的計畫。當你是因為某個目標、某個夢想、某個比自己更偉大的理由而戰的時候，就會找到熱忱、熱情和喜悅，將生命變成一場偉大的冒險，而關鍵就在於認清自己的目標是什麼，並

釐清自己想成為什麼樣的人。

1999 年的夏天，我 20 歲，剛剛離開軍隊。我的計畫是這樣的：變成中東的阿諾‧史瓦辛格（Arnold Schwarzenegger）。那年 6 月，我非常確定我會變成下一任的奧林匹亞先生，娶一個甘迺迪家族的成員、成為演員，最後當上加州州長。

作為我計畫裡的第一步，我在當地的健身房找到一份工作，希望有人能夠注意到我。當時，最大的連鎖健身房是倍力健身公司。在我姊姊的幫助之下，我在卡爾弗城的一家倍力健身房擔任業務員，那是當時倍力在加州最小、最舊的一家分店。

儘管條件不盡理想，我還是被升職了，也被調到最大的一家分店，而且剛好就在好萊塢。我的計畫是一直一直努力工作！我越來越會推銷健身房會員資格，當時一個月可以賺 3,500 美元，跟我在軍中的薪水相比，彷彿是好幾百萬元似的。

有一天，我的主管羅比說要讓我去查茨沃斯的倍力分店擔任襄理，那是一個距離好萊塢大約 48 公里遠的地方。他希望我到那邊扭轉頹勢——那家店只做得到每月營收目標的 40%。

我不想去查茨沃斯，我想要在好萊塢分店擔任週末經理，這個職位的年薪是 55,000 美元。羅比向我承諾，如果我成功扭轉了查茨沃斯那邊的局勢，好萊塢分店的職位就是我的。當時我唯一的競爭者是一個名叫艾德溫的員工，他已經在這裡工作很久了，只要我表現得比他好，就有指望可以當

上好萊塢分店的週末經理。

　　快轉到 90 天之後，我們的確有能力，也扭轉了乾坤，在查茨沃斯的那家店，我們的成績從月營收目標的 40％ 拉高到 115％。我幾乎都快爬到全國銷售排行榜的頂端了，這個成績遠遠超過艾德溫。當我接到羅比的電話說要見我，我以為公司一定很高興，我的計畫也正在一步步實現，我馬上就要見到健身傳奇喬・韋德（Joe Weider）了，接著就會被重量級的好萊塢經紀人發掘，開始發展我的演員事業、認識一個甘迺迪家族的人；我至今仍能清楚且生動地憶起那個下午去見羅比前的期待感。

　　然而，當我走進羅比辦公室的那個瞬間，就知道苗頭不對，他的樣子截然不同，當初那個答應我如果表現得比艾德溫更好，就給我職位的人已不復存在。是我自己疑神疑鬼罷了，我安慰自己。姑且先相信他吧，聽聽他要說些什麼。

　　「派崔克，你和你的團隊過去 90 天的表現太讓我驕傲了，」羅比說道，「我希望你在那裡再待半年，帶領查茨沃斯的那家店更上一層樓。」

　　「什麼意思？」我問道，「我說得非常清楚，我想要好萊塢分店週末經理的位置。」那個職位啊，他說，已經有人了。

　　那個當下，我感覺自己氣到連血液都要沸騰了，我無法相信會有成年人言而無信，而且竟然還有辦法像這樣直視著我的雙眼。我之前太專注於要達到目標，所以完全沒想過如果事情發展不如預期該怎麼辦。

那是誰拿到這個職位了呢？你猜得沒錯：艾德溫拿到了。為什麼？因為艾德溫在倍力已經待了 6 年，而我只有 9 個月；不管我是不是在全國銷售榜上，把艾德溫遠遠地甩在後面，也不管根據客觀的數據來看，我是不是靠自己掙到了這個職位。

　　在這裡要替羅比說句公道話，他並非不道德，因為他必須遵循集團的命令和指示，他的表現只是具有政治性。於是，在我年紀輕輕時，就學到集團企業會有自己的盤算，而且晉升與否很少是只看功績的。羅比看得出我非常憤怒，他要我去外面冷靜一下，我走到停車場，試著思考。我想像著這些事件將如何決定我接下來的人生發展，我在腦海中播放著各式各樣的情境，而我就是無法接受如果我同意了羅比的決定之後會發生什麼事。雖然我當時並未意識到，但其實我已經準備好要邁出下一步了，唯一的挑戰是，我並非是執行自發性的行動，而是對別人的行動做出反應。我走回他的辦公室，問他這是不是最終的決定，他說是。

　　在那個當下，我直勾勾地盯著他的眼睛看，告訴他，我不幹了。起初，他認為我在開玩笑，但我對自己的決定是有信心的。如果公司不給你一個明確的方向、不告訴你要怎麼樣才能在內部晉升，那在這裡工作有什麼意義？我為何要把自己置於如此悲慘的境地？就是在那個時候，我意識到只要我的命運是掌握在別人手中，哪怕只是一天，我都受不了。

　　當時，在我的職涯的那個階段，我並未用贏家的方式思

考。有鑑於我無法設想超過一到兩步的行動，我依舊只是個外行人，因此，我整個人嚇到手足無措。開車回家的路上，我覺得自己彷彿做了人生中最糟糕的決定。我的同事開始打電話給我，問我到底在想什麼，我的家人也無法相信我做了這個決定。

當天晚上我上床睡覺時，大部分的情緒都已經褪去，而我思忖著接下來要做什麼。不久之後，在我的職涯發展中，我會學到在盛怒之下該如何處理問題。好險那天晚上我有辦法讓自己冷靜下來，去想想接下來的幾步要怎麼行動。現在回想起來，我發現那是我人生中相當具有決定性意義的一個時刻。我必須探索自己的內在，好釐清自己想要成為什麼樣的人，以及我想去哪裡。我當時列的清單看起來大約像這樣：

1. 我想要讓貝大衛這個名字是有意義的，足以讓我的父母對於自己離開伊朗的決定感到自豪。
2. 我想要跟可以遵守承諾的人一起工作，尤其是會對我的事業發展產生影響的領導團隊。
3. 我想要一個可以帶我走向頂尖位置的清晰公式，並且完全是基於我的努力成果。我無法接受驚喜或是隨意變換目標。
4. 我想要建立一個團隊，他們會對我的願景深信不疑，可以看看我們能一起走得多遠，團隊裡也要包含那些我可

以百分之百信任的夥伴。

5. 我想要賺到足夠的錢，讓我不再受制於他人的政策或是如意算盤。

6. 我想要接觸市面上每一本關於策略的書籍，讓我可以從更寬廣的觀點來看整個權局，如此一來，就可以學到該怎麼將大公司的霸凌降到最低。

等我很清楚自己想成爲什麼樣的人之後，就可以看到我接下來該進行的行動。第一步是要找到一份業務工作，薪資是以績效爲基礎來計算，職務上要有明確的工作目標和期待。20 年過去了，我可以告訴你，這種明確的感覺，是來自於做出跟你的核心信念和價值一致的那種決定。

讓討厭你和質疑你的人來驅策自己

我之所以會分享這個升遷遭拒的故事，是因爲我希望你能夠好好運用你自己的痛苦。這些感到無助、生氣或是傷心的時刻，就是一種提示，可以讓你獲得穩固的動力。別低估了恥辱的力量有多大、能夠爲你帶來什麼樣的動力。伊隆・馬斯克 17 歲離開南非前往加拿大時，他的父親對於這位長子除了蔑視還是只有蔑視。2017 年 11 月號的《滾石》雜誌中有一段尼爾・史特勞斯（Neil Strauss）的簡介，他引用了馬斯克對於父親的送行的描述：「他用一種要吵架的語氣，

說我三個月後就會回來了、我是不會成功的、我絕對不會有所成就，他反覆說了幾次我是笨蛋。哦，對了，這些都還只是冰山一角而已。」

你可能曾經在創業類實境節目《創智贏家》（*Shark Tank*）中看過不動產巨頭芭芭拉·科爾科蘭（Barbara Corcoran），她來自紐澤西的一個小鎮，在一個藍領階級的家庭中長大，有另外 9 個兄弟姊妹。1973 年，她 23 歲，在一家小餐館當服務生。在那裡，她遇到一個男人，借了她 1,000 美元，讓她開一家不動產公司。他們墜入愛河，決定要從此過著幸福美滿的生活。如果按照這個劇本走的話，我猜科爾科蘭可能會建立起一家挺像樣的房地產公司。但是到了 1978 年，這個男人甩了她，娶了科爾科蘭的助理。他還更進一步在傷口上灑鹽：「沒有我的話，妳根本不會成功。」

2016 年 11 月，科爾科蘭在《Inc.》雜誌的採訪中說道，她把憤怒變成了她最好的朋友：「那個男人用這種瞧不起人的方式說話的那個瞬間，我全部的潛力都被激發出來了，」她說，「我準備不計一切代價，從那個人身上拿到我想要的東西……他沒辦法這麼輕易就將我拋諸腦後的，我不會容忍這種事，我會靜靜地說聲『去你＊的』。」

這樣的拒絕與羞辱可以是超級大的動力來源，回想看看多年來那些曾經貶低過你的老師、教練、老闆、父母或是親戚。這並不代表你得要背負著他們消極的態度，但是你可以把這些當作火箭的燃料。科爾科蘭將她所遭遇的拒絕，

疏導成為了決心。她建立了紐約最成功的房地產公司，並以 6,600 萬美元的價格出售。接下來，她還寫了一本暢銷書，甚至在《創智贏家》中成為電視明星。

身為一個專門投資創業家的投資人，科爾科蘭實際在找的人才，是那種會**把痛苦當成燃料**的人。她認為在窮苦環境中長大是一種資產。她說道：「糟糕的童年？太好了，我最喜歡了，那就像份保單。一個會虐待人的父親？漂亮！連父親都不曾有過？更好！雖然我手上最成功的那些創業家並不是人人都有著悲慘的童年，但若是有人說他們沒能力，到現在他們依然會因此被惹毛。」

我並不是要輕視你的痛苦。相信我，我小時候經歷過的羞辱夠多了，那些是會跟著你一輩子的。當時會覺得很受傷，到現在依然隱隱作痛。輕視、汙辱、傷害，可以是你的藉口，也可以是你的燃料，而且是超級強大的燃料。

麥可・喬丹從 NBA 退休的 5 年後，獲選進入名人堂（Hall of Fame）時進行了一場演說，猜猜看，他談得最多的是什麼？那些討厭、質疑他的人。他依然沒有放下那些曾經瞧不起他的人。當喬丹被高中校隊捨棄，是萊羅伊・史密斯（Harvest Leroy Smith Jr.）拿下了他的席次。你要知道，喬丹極擅長把痛苦當成他的燃料，他甚至邀請了萊羅伊來參加這場典禮。喬丹說道：「他被選上校隊，而我沒有，我不只是想要證明給萊羅伊看，不只是要證明給我自己看，更是要證明那個挑了萊羅伊而不是我的教練看，我想要讓你清楚理

解到：老兄，你錯了。」

　　馬斯克、科爾科蘭和喬丹都把痛苦當成燃料，你也可以這麼做。回頭看看你最困頓的時刻，那些讓你宣布「絕對不要再來一次」的時刻。去回想這些經驗，這些都會成為你的燃料。

　　　　　　　　■ ■ ■ ■ ■

　　我依然覺得我的人生中，討厭我的人似乎多到可以塞滿整座麥迪遜廣場花園。我 26 歲時受邀回到我的母校格倫代爾高中演講，遇到一位高中時期的職涯輔導員，叫做朵提，她問我：「派崔克，你怎麼會在這裡？是來看今天勵志演說的講者嗎？」不僅如此，她還沒完，繼續說著她一直以來都替我的父母感到惋惜。我當時 26 歲，被邀請重回高中校園，分享我成功的故事，而朵提就用滿滿一整桶的憐憫從我頭上澆了下來，讓我回想起 10 年前她替我的父母感到惋惜，因為我這個小孩是那麼迷失、那麼沒有動力與方向。最後，朵提送我前往禮堂，裡面有 600 個學生等著要聽這場勵志的演講。當副校長突然起身介紹我講者的身分時，她臉上的表情真是無價之寶。

　　面對朵提，我一個字都沒有回嘴。我只是把她歸類成另一個老是在生活中跳出來討厭我的人，而這些人一直驅策著我前進；其實我有一份清單，上面列了多年來大家對我的

評語。大部分的人會去讀一些正面肯定的內容，以產生自信心，但我有一組完全不同的「肯定」，來自於那些質疑或是試圖貶低我的人。反覆閱讀這張清單，會在我心中產生某種程度的熱度，就算是世界上所有的錢都無法比擬。

在那些討厭我的人當中，或許最重要的是一位陌生人。我 23 歲時，我父親第 13 次心臟病發，我衝到洛杉磯縣綜合醫院，這是一家公立醫院。那邊的人把我爸爸視如糞土，我徹底崩潰，直接大發雷霆、亂丟東西。「你不要招惹我爸！你太過分了！」我整個人失控到保全必須把我帶出醫院。在我鬧脾氣的時候，有個傢伙跟我說道：「嘿，聽著，假如你有錢的話，就有辦法弄到更好的保險、找到更好的醫生來照顧你爸，但現在這些都不是你付的，這些都是納稅人的錢，叫做公共健康保險。」

他們把我趕出醫院之後，我坐在我那台福特 Focus 汽車裡，眼淚掉了下來。憤怒已經被羞愧感取代了。那個傢伙說得沒錯，我爸爸之所以只能獲得這麼差勁的醫療照護，是因為我沒有更多錢，而我之所以沒錢，是因為我在夜店裡花的時間比在客戶面前的還多。當時我正處於人生的低潮：我以為我會娶進門的那個女孩剛把我甩了，我身上還有 49,000 美元的卡債。我哭了整整半小時，像個小孩似的。

哭完、自我憐憫完，也羞愧完之後，我終於想清楚了。那天晚上，舊的派崔克死了。我徹底改變了，我用痛苦來提醒自己在人生中聽到的每一句輕視和冷落之語：「GPA 1.8、

廢物、跟流氓混在一起、可憐的派崔克，他沒機會了、父母離異、媽媽靠著救濟金過日子、他走投無路了，只得去從軍、一輩子注定成不了什麼大器。」

我發誓我爸爸再也不用在英格爾伍德市的尤加利路與曼徹斯特大道轉角那間百元商店工作了，在那裡他常常會被人用槍指著。他這輩子再也不會獲得這麼糟糕的健康照護了。不管是他還是我，都不會再抬不起頭了。

我告訴自己：「貝大衛，全世界都將認識這個姓氏，我知道我們經歷過什麼樣的痛苦。我知道我們一家人從伊朗到美國，一起經歷過哪些挑戰。我記得媽媽因為說著支離破碎的英文而造成的尷尬和丟臉。我記得家庭聚會上爸爸被人看輕時，他臉上的表情。再過不久，你將會對你的姓氏引以為傲。你將會非常自豪於你來到美國的這個決定，你將會對於你所做的那些犧牲感到非常驕傲。」

隔天發生了一件奇怪的事情，讓大家都沒認出我。我獲得了有史以來最好的讚美：「派崔克啊，你變了，我們甚至認不出你，以前的派崔克去哪了？我們很想他，我們希望他可以回來。」當時，我相當有名，因為我在週四到週日晚上這段時間內可以把洛杉磯所有的夜店都跑一遍。我曾經一年會去 26 次拉斯維加斯，但是，我叫所有朋友都不要再邀請我了。他們不聽，他們認為他們的老朋友遲早有一天會再次重操舊業，再度開始打頭陣、衝夜店，一切只是時間的問題而已。

但他們不知道的是，以前那個四處玩樂、毫無紀律的派崔克再也不會回來了，我有了 180 度的大轉變，一切都結束了。從那天之後，再也沒有人（包括我自己）看過以前的派崔克了。我把這些討厭我的人當成燃料，從此替我提供穩定的能量，是我隨時都可以取用的儲備能源。

我要你把所有的憤怒都疏導成為燃料。這場表演是屬於你的，如果你改變自己，並專注於你想成為的那種人，就沒有任何人事物能阻止你。

回想起這些故事，我現在又激動起來了。這些故事已不像過去那樣讓我感到受傷，但我仍能不加思索就回到其中任何一個場景裡去生產同樣的燃料。我總覺得這份清單還會變得更長。雖然痛苦從未逝去，但是，我現在把那些討厭、質疑我的人都當作送禮之人。最終，他們帶給我的是開竅的瞬間，讓我清楚了解自己想成為什麼樣的人。他們讓我說出「再也不會了」，並且使我做了一張清單，上面列出那些絕不可妥協的事（那些無論如何你都不願意妥協的事情）。我鼓勵你也如法炮製，列出一份屬於你的清單。

如此一來，不管是你的怪癖，或是其他在別人眼裡看來很奇怪的東西，都不必有所妥協；這些癖好和小毛病之所以如此重要，是因為你經歷過的那些事情以及你的思考方式。你必須弄清楚哪些是你可以犧牲的、哪些是絕對不能犧牲的，這會讓你有辦法做出你自己那份不可妥協的事項清單。

探索哪個角色最適合你

我問的這些探索式問題都是為了引導你，讓你找到哪條路最適合自己。關鍵在於找到最好的位置，以凸顯出自己的才能所在。創辦人？執行長？首席策略長？業務領導人？位在老闆之下、眾人之上的那一個位置？商務開發？內部企業家？這份清單可以一直列下去。我們生活的這個時代，創業家會登上頭條，但那樣的生活可能不適合你。然而，這並不代表沒有任何適合你的地方，可讓你建立財富並找到成就感。

要做出選擇，唯一的方法就是先弄懂：你想要成為什麼樣的人？

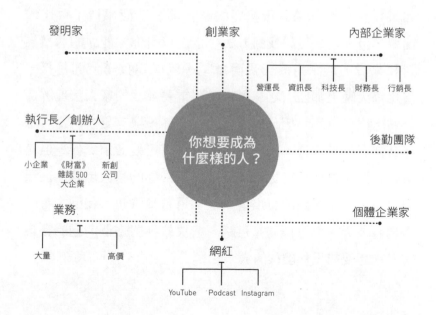

成為創業家是高風險、高報酬的，個人層面和財務層面都是。大部分的人只注意到成功創業家的最終產品，卻不會去看他或她必須要克服什麼——那些掙扎、背叛，以及空蕩蕩的銀行戶頭。當你努力創業的時候，不一定會有辦法總是 6 點回家跟家人一起共進晚餐。這都取決於你的願景有多大，或許你每天晚上都來得及回家跟家人吃飯，但如果你想要當一個讓市場重新洗牌的人，也想建立一家跨國性的聯合企業集團，你得要做出很多犧牲，這些都是你接下來幾步行動的一部分，因此，這些犧牲也包含家庭，你得接受這件事情。

　　你越忙，就越需要有組織能力。有個概念是這樣的，你不可能同時取得最高等級的勝利，還有著很棒的家庭生活。如果這件事對你來說很重要的話，那麼即使事情不會比較簡單，但你還是可以找到方法。這是只有你才能做的選擇。對我來說，為了達成願景而奮鬥，以成為孩子們的榜樣，這比每天晚上都回家吃晚餐來得更重要。我的家人都理解這一點，因為這是我們一起計畫的。此外，擁有更多財富，意味著擁有更多選擇。我們在節慶假日時可能必須工作，但是擁有資源會讓你擁有更多彈性，可以帶你的家人出差，甚至變成家庭旅遊。跟所有事情一樣，這有風險也有報酬，有成本也有成果。你選擇哪條道路，取決於你對這個問題的答案——你想要成為什麼樣的人？

活出你的未來現實，體現你想成為的那種人

你聽過多少次某個人說：「等我成功的時候，我會……」或是「我一成功，就會……」你會聽到大家說這樣的話：「等我賺到第一桶金的時候……」或是「等我一搬進自己的房子……」。

我理解這個先有雞還是先有蛋的難題。在你擁有現金流之前，要打造世界級的總部或是製作出最高明的軟體然後授權給別人，是不可能的。無論你的收入多寡，你能做的是正確的行動，藉此讓自己盡可能走在一條最好的道路上。

我很常使用一種說法：**未來現實**（future truth）。意思是，**活在現在這個當下，彷彿未來的現實已經成真了那樣**。我是受到 IBM 創辦人托馬斯‧華生（Thomas J. Watson）這段話的啟發：

IBM 之所以成為今日的 IBM，原因有三個。第一個原因在於，最一開始的時候，我對於這家公司完成之後的模樣已經有了很清晰的圖像。可以說，我心中有個模型，展現出我夢想中的一切（即我的願景）就定位後的公司模樣。

第二個原因是，當我有了這幅願景之後，我立刻就問自己，這樣一家公司會怎麼行動，所以我接著創造出另一幅圖像，是 IBM 最終完成時會有什麼樣的行動。

IBM 之所以如此成功，第三個原因是，一旦我有了這幅

圖像，明白當夢想到位時，IBM 屆時的模樣，也知道這樣一家公司會需要哪些行動時，我接著就意識到，除非從一開始就用那些方法來行動，否則我們永遠走不到那個地方。

換句話說，我意識到一件事，若要讓 IBM 成爲一家偉大的公司，早在眞正成爲一家偉大公司的很久之前，就需要用偉大公司的方式來行事。

你聽懂最後一句話了嗎？早在你成立一間偉大的公司（或是成爲偉大的創業家／內部企業家）之前，你就需要照著偉大公司的方式來行動。讓我解釋給你聽。

一個有遠見的人，並非是一個活在此時此刻的人。他至少已經先看到接下來的五步要怎麼走，並且在現實生活中身體力行。你要向別人說明你的未來現實是什麼，但也有可能會被視爲不切實際、自吹自擂，別人甚至可能會認爲你有幻覺。我們於 2009 年設立公司，不久後，我在加州棕櫚沙漠的一家 JW 萬豪酒店爲 400 個人進行了一次演講，我說：「有一天，最厲害的喜劇演員、運動員、思想家、美國總統都會來參加我們的大會，並在這個大會上演說。」9 年之後，凱文・哈特（Kevin Hart）來到我們的年度大會上表演。在我們公司滿 10 週年的前夕，我在全公司的人面前訪問了前總統小布希（George W. Bush），以及已故的柯比・布萊恩。

大家會想要追隨被自身的未來現實所驅動的人，這也是我們之所以迷戀那些高瞻遠矚之人的原因。只要那個人的所

言所述，是自己百分百堅定相信的信念，他或是她就會讓其他人熱血沸騰。

最好的領袖不只擁有相信未來現實的能力，更有著啟發他人去相信並執行自身願景的能力。1961 年 5 月 25 日，前美國總統甘迺迪（John F. Kennedy）在國會聯席會議中發表了〈對國會緊急國家需求特別咨文〉。甘迺迪的目標很明確：「在這個 10 年結束之前……要送一個人類登上月球，並且讓他安全返回地球。」在截止期限的 5 個月前，這個未來現實成眞了。1969 年 7 月 20 日，尼爾・阿姆斯壯（Neil Armstrong）成爲第一個踏上月球的人類。

你知道你想要成爲什麼樣的人嗎？你對於那看起來是什麼模樣，有個明確的願景嗎？此時此刻，你行動的方式跟你的未來現實一致嗎？

用英雄的視覺圖像來提醒自己想要成為什麼樣的人

你要讓事情更進一步推展到下一個階段，並且把標準拉得更高，你要渴望讓自己成爲一個英雄式人物。想想看你的英雄，問問自己，他們在同樣的狀況下會如何行動。市面上有汗牛充棟的書都在問這個問題：「如果是（名字）會怎麼做？」，而這並非巧合。

你想要擁有萬貫家財嗎？有一本書叫做《洛克斐勒家族會怎麼做？富人如何變有錢並保持富裕，你也做得到》

（*What Would theRockefellers Do? How the Wealthy Get and Stay That Way, and How You Can Too*）。想要更接近美國的開國元勛嗎？參考一下這本《建國者會怎麼做？：我們的問題，他們的答案》（*What Would the Founders Do?: Our Questions, Their Answers*）。

去問其他人會怎麼做，會迫使你暫停一下，考慮你接下來五步的行動會是什麼，也會讓你挑戰自己，進而擁抱偉大事物。我堅信挑戰自我可以進入下個階段，所以我邀請了一位藝術家創作了一幅獨特的畫作，掛在我的辦公室裡。

這是一幅很不尋常的畫，有著很不尋常的名字：《不在

由左至右：阿爾伯特・愛因斯坦（Albert Einstein）、約翰・甘迺迪、馬可・奧理略（Marcus Aurelius）的胸像、亞伯拉罕・林肯（Abraham Lincoln）、圖帕克・夏庫爾（Tupac Shakur）、派崔克・貝大衛（那個試著要汲取智慧的學生）、穆罕默德—李查・巴勒維（Mohammad Reza Pahlavi）、艾爾頓・冼拿（Ayrton Senna）、米爾頓・傅利曼（Milton Friedman）、馬丁・路德・金恩（Martin Luther King）、亞里斯多德（Aristotle）的胸像。

世的導師》（*Dead Mentors*），大家一看到這幅畫都會瞬間愣住，這幅畫裡，圍繞在我四周的，是幾位絕對不可能同時出現在同一個房間裡的人。

每當我在辦公室裡，就常常會找他們諮詢。我喜歡跟這些人一起處理各個層級的問題：經濟、競爭、策略、政治，還有我的個人生活。看著這 10 位專家齊聚一堂，對我來說，時時刻刻都提醒著我，要把 10 項英雄式的特質具體展現出來。

我選的這些人都有著各自不同的哲學，卻又都屬於同一個領域。

約翰‧甘迺迪與**亞伯拉罕‧林肯**，一位是民主黨，另一個是共和黨。兩位都是偉大的總統，但是各自使用截然不同的方法來完成事情。兩個人最終因為不同的理由而被暗殺（但我現在要談的不是這個）。

阿爾伯特‧愛因斯坦與**米爾頓‧傅利曼**都有一套用數學家的眼睛來看世界的方法，但是他們在經濟和稅賦方面意見分歧。

圖帕克‧夏庫爾與**馬丁‧路德‧金恩博士**都想要獲得類似的結果，但用了不同的方法，他們也都因為有著強烈的意見而被殺害。

穆罕默德－李查‧巴勒維是 1941 到 1979 年之間伊朗的沙王，他改變了整個國家的方向，直到他無力承擔過大的權力，導致帝國的崩毀。他會提醒我千萬不要過於自信、

低估了像是魯霍拉·穆薩維·何梅尼（Ayatollah Ruhollah Khomeini）這樣的對手（他後來領導叛變並將沙王放逐）。

艾爾頓·冼拿是史上最偉大的一級方程式賽車手，他測試了自己的極限，將技能推到完美的邊緣。他提醒我要不斷努力、挑戰自己的極限，並好好磨礪我的專注力（我替我的女兒取名為冼娜）。

馬可·奧理略是一位領袖，從未把自己放在人民之前，他並未被權力沖昏頭。斯多葛主義的實踐者。他提醒了我，身處在核心位置的同時也要保持謙卑。

亞里斯多德是亞歷山大大帝準備稱王之際，耳畔的理智之聲。這位希臘哲學家的思考和論理的能力提醒我，要慢下腳步、花時間好好處理問題的重要性。

在這幅畫的背景處，我一邊聽著由林肯所引導的討論，同時還在夏庫爾耳邊說著悄悄話。在畫的最右邊，有一個替某個人空著的座位，總有一天，這個人的身分將會被揭曉。

這幅畫裡的人們就是我個人的導師團，我每天都會向他們尋求幫助。你的心靈導師講堂裡有誰呢？無論是否在世，依然會提供你觀點和建議的導師有誰呢？

創造一幅你自己的英雄畫像，這會讓你去挑戰自己，試圖追上那些理想人物。

■　■　■　■　■

我每次走進辦公室，這幅畫都會打動我，讓我持續提高對自己的要求和投資。我有一個 4.5 公尺長的客製化書架，拼出了「READ」（閱讀）的形狀。我辦公室裡所有的圖像，都在敦促我要思考並做出更明智的決定。我常常會在這個房間裡盤算著我接下來的五步，因為這裡充滿了一種精神，讓我的思考格局可以更大。

毫無疑問地，我的辦公室很古怪，打造起來也很昂貴。但關鍵是要從某個地方開始行動，我從雜誌上的照片開始，把這些東西貼在我的浴室鏡子上，而現在則是有了一整間辦公室，時時提醒著我哪些東西能夠帶來啟發。我也要向你提出挑戰，想辦法創作出一幅圖像，可以提醒你自己要像個英雄一樣，就從一些小地方開始。你並不需要聘請一個藝術家，用製圖軟體 Photoshop 就可以了。

如果你是個有願景的人，那就把華特・迪士尼或史帝夫・賈伯斯的照片印出來，放在顯眼的位置上。如果看著華特・迪士尼不會讓你感到有所啟發，那就在辦公室裡放一張米奇的照片或是一個米奇的娃娃。

如果你要開一家電子商務公司，你就問：「傑夫・貝佐斯（Jeff Bezos）會怎麼做？」如果你要開一家投資公司，你就問：「華倫・巴菲特會怎麼做？」如果你要開一家媒體公司，你就問：「歐普拉・溫芙蕾（Oprah Winfrey）會怎麼做？」

我們的英雄會帶來啟發，這就是為什麼讓他們圍繞在自己身邊會是如此強而有力的一件事。我們越常看見他們、越常

在自己身上看見他們的影子，就越有機會做出英雄式的行爲。

■ ● ■ ● ■

　　你想要成爲什麼樣的人？

　　我們是從這個問題開始的，也將用這個問題結束，要回答這個問題的唯一方法，就是弄清楚自己想要過著何種生活。如此一來，你就會立刻身體力行去成爲那個人，你的一舉一動也會像是你已然到達那個境界似的。

　　這是一輩子的練習，我希望這個章節裡的工具會爲你帶來一些突破，讓你走上正確的道路，引領你釐清自己到底想要成爲什麼樣的人。

▮▮➡ 第 2 章

研究最重要的產品：你

想成爲自己，要先知道自己究竟是誰。

——品達（Pindar），古希臘詩人

■

只有在電影裡才會出現那種某人靈光一閃，就突然感到前途無量、知道自己這輩子要做什麼的畫面。在現實中，要知道自己想成爲什麼樣的人，是一個過程，並且需要付出努力。

生命中最困難的事就是了解自己。

——米利都的泰利斯（Thales of Miletus）

這三件事情都超級硬：鋼鐵、鑽石，以及了解自己。

——班傑明·富蘭克林（Benjamin Franklin）

你呢？你什麼時候要啟程，走上這趟深入自己的漫長之旅？

——魯米（Rumi）

泰利斯、富蘭克林和魯米都警告過我們，這是個很困難的過程。對我來說，一天打 300 通推銷電話給陌生人並不難，一週工作 6 天、一天 18 小時我也可以承受。然而，了解自己，是我一定得去做的所有事情當中最困難的一項。我知道這麼做是有回報的，這三位智者解釋得比我更好：

了解自己是智慧之始。

——亞里斯多德

等我發現自己是誰的時候，我就自由了。

——拉爾夫·艾里森（Ralph Ellison）

自知者明。

——老子

　　我們會去閱讀那些以研究他人為題的書，我們專注於如何閱讀他人、說服他人，以及影響他人；這些當然都很有用。但想像一下，如果你花一樣多的時間去研究某件更為重要的事情呢？研究別人會讓我們擁有知識，但是，研究我們自己，最後將帶來不可思議的自由，關鍵在於研究自己會讓你可以接納自己，進而讓你從自我批判中解放出來；你再也不會打擊自己，並且能夠接受自己（像我這樣），進而認知到你原先以為是缺點的地方，事實上可以變成資產。我會

持續提醒你，你最首要的研究對象，就是你必須與之共度餘生、這個獨一無二的人：你自己。

讓你的事業跟真實的自己一致

我的朋友尚恩在 30 歲之前換過 12 次工作。最後，他成了保險業務員，替我工作。有一天他打給我，跟我說他不想要賣保險了，我想我不該驚訝的。我跟他見了面，問他怎麼回事，聽他說了一陣子之後，我對他說：「讓我打開天窗說亮話吧，但你聽了會很不舒服，這樣你可以接受嗎？」

他停頓了一會兒，但最後還是說好。

「你辭掉的每一份工作，都是你老闆的錯，我可以一一講出這些年來被你狠狠批評過的老闆們的名字。永遠都是其他人的錯，但你知道永遠都不會是誰的錯嗎？你。你覺得這是為什麼？」

我得稱讚一下尚恩，在我稍微推了他一把之後，他便開始承擔責任了。他理解到如果我們的對話要有任何實質意義，唯一辦法就是去看看自己的內心，而不是向外指著別人的鼻子罵。

我們開始處理他的問題。從表面的憤怒開始，他一路往下挖，說起了他招募進來的某個人，而現在那人的收入已經超越他了。他承認，他找來的人現在做得比他還好，這讓他覺得不爽，甚至覺得受到汙辱。我們把他的感受歸結到某種

怨恨和嫉妒。

　　我提出了一種可能性，他跟那個人可能有著不一樣的夢想；那位年輕新星想要的可能是賺進上百萬美元，但尚恩自己想要的並不是這個。我說道：「先把所有事情放在一邊，讓我先問你一個問題，你想要過什麼樣的生活？」

　　尚恩沉默了一會兒，我看得出來他是認真地看待這個提問。最後他說：「如果我一年可以賺個 150,000 美元，就可以過得非常不錯。我想要在小聯盟當教練，我希望我的孩子每一個重要的時刻，我都能在場。而且老實說，我想要有幾天可以偷個懶、睡久一點。或許我得誠實說，我並不是那麼有衝勁。」

　　尚恩坦率的自我反省給了他一個方向。他開始理解不用拿自己跟同事或是朋友做比較，他不必成為辦公室裡最有錢的人。當他意識到是什麼讓他感到真正的快樂和滿足：一年150,000 美元的收入，以及充足的家庭時間和休閒時間。一切就開始明朗化了。

　　當我們在對談的時候，他問道：「但這樣想的話，格局不會太小了嗎？」

　　「對其他人來說可能太小了，」我說道，「但如果你知道自己可能永遠不會在商場上發掘出全部潛能，也還是有辦法舒舒服服地過生活、成為一個超棒的爸爸，這樣你可以接受嗎？」

　　尚恩又沉默了下來，而我也給他一點時間去思考，他開

始理解到這場討論並不是在談其他人；完完全全是在談他自己。對於自己想成爲什麼樣的人、想過著怎麼樣的生活，他必須誠實以對。或許是爲了讓自己從這種思考可能帶來的不適感中稍微分散一下注意力，他問我想要什麼。

「這跟我無關，也跟其他人無關，」我說道，「當你決定自己最好的生活會是什麼模樣，並且開始實行你的願景之後，就不會覺得嫉妒了。」

「派崔克，我已經理解了，」他說，「但我還是很好奇你想要什麼。」

「我想要掌控這個瘋狂的世界。但這是我，不是你，你不能試著要成爲我，我也無法試圖成爲你。那絕對是下下策。」

尚恩點了點頭，鬆了一口氣。他有了一個目標，一個最適合他的目標，他可以以這個目標爲核心，建立長期策略，而不只是提出一個治標的方法（例如辭職）。我們一起處理了這個問題，而在這之後，他也有能力做出對自己來說最理想的選擇。

尚恩本身問題的關鍵，在於不再拿自己跟其他人做比較。每天都回家吃晚餐對他來說很重要，因此他可以找個方法，讓年收入達到 150,000 美元，然後將自己全心全意奉獻給孩子。每個人的思維本就不同、目標也不同，既然如此，爲什麼總是想試著模仿傑夫‧貝佐斯或是理查‧布蘭森（Richard Branson）的行動呢？

要研究這個最重要的產品，你必須挖得很深入。尚恩跟很多人一樣，對於什麼東西可以讓自己產生動力，都有著錯誤的假設，並且依照這個錯誤的假設在行動。他之前觸及的還不夠深，或者是對自己不夠誠實。一旦他開始深入探索，突然之間，他的世界豁然開朗，他也會理解自己必須做出哪些選擇以獲得滿足感。可能還是會有一天，他在一覺醒來後發現自己想要更多、讓自己經歷得更多。如果尚恩注意到嫉妒慢慢侵入他的心，就會是個有力的指標，表示他需要重新檢視他的目標。

■　■　■　■　■

瑞・達利歐在他頗富洞見的著作《原則：生活和工作》中說到：「我學到一件事，如果你很努力工作，也會使用具有創意的方法，那麼幾乎你想要什麼，就可以得到什麼，但並不是每個你想要的東西就能得到。成熟就是有能力拒絕一個好的選擇，目的是要追求其他更好的選擇。」

當你誠實面對自己是誰，就能學會停止渴求得到一切。

嫉妒是一項指標，會讓你有所警覺，確認你對自己是否真誠。如果有一個人擁有你所沒有的東西，而你有辦法看著他，說道：「你知道嗎？我真的不想要那些東西。」那你就知道自己當下的狀態很好。如果你嘴上說不想要某些東西，但心裡又不是這麼想的，那嫉妒就會漸漸啃噬你，因為嫉妒

會告訴你，你其實很想要，卻很害怕付出努力去取得。

完全的坦誠會讓你獲得心靈上的平靜，讓你知道自己是誰，並且會為了獲得想要的生活，做出必要的行動。當你看到其他人的成功（包括那些擁有你所沒有的東西的人），而你的感受是替他們感到高興時，你就會知道你正在活出最好的自己。再說一次，如果你覺得嫉妒的話，這就是一個指標，你要嘛是在對自己說謊，沒有誠實面對自己想要什麼，要嘛就是缺乏達成目標的紀律。

我遇過很多缺乏滿足感、不快樂的人，在我遇過的這些人當中，最危險的是既有野心卻又極度懶散的人。這個組合會產生的就是嫉妒，這是一項致命的原罪，會讓他們像是活在地獄裡一樣，他們會將格局放得很大，也想得到一些了不起的東西，但卻不願意付出努力去賺取這些東西。他們會作弊、會陷害你。他們總是在找捷徑，如果其他人擁有他們想要的東西，這份渴望就會開始啃噬他們的靈魂。

如果有人贏過你，取得更高層級的勝利，那你要嘛降低自己的期待，讓期待符合自己對於工作的認知；要嘛就是改變想法，更兢兢業業，努力達成並超越自己的期待。如果這兩者你都不願意做，那你會過得很悲慘。

一切都可以歸結到這一點：一致性是滿足感的關鍵。記住這些事情：

• 你的願景一定要跟你想成為的人是一致的。

- 你的選擇一定要跟你的願景是一致的。
- 你的努力程度一定要跟願景的大小一致。
- 你的行為一定要跟你的價值觀和原則一致。

探究會帶來接納，接納會帶來力量

這世上只有一個人是你必須每分每秒跟他一起度過的，不是你的父母、你的伴侶、你的孩子，也不是你最好的朋友。是你。當你明白自己將會和誰共度餘生，學著去接受這件事情，自我批判的念頭就會消失，而這會讓你感受到力量，因此可以更放膽去行動，也不會出現想太多的情況，並增加你的執行力。

當我讀到大衛‧霍金斯（David R. Hawkins）的《心靈能量》（*Power vs. Force*）時，我發現他將覺察的不同層次解釋得非常迷人。在讀這本書之前，我以為勇氣會在金字塔最頂端的位置，但在我做完所有的內在功課之後，才明白接納的層次比勇氣還要更高（如同你在以下圖表所見）。

你可能會對於自我探索感到恐懼，這我理解。從安全的避難所走出來、把缺點全部攤在陽光之下，這可能會讓你受到傷害。我花了大量時間自我反省，揭露出很多關於自己的事情：有些好事、有些壞事，還有些很糟糕的事。因為我付出努力去檢視自己，所以我開始接納自己。我也學到，感到脆弱是沒關係的，去分享自己是誰也是可以的。在我這麼做

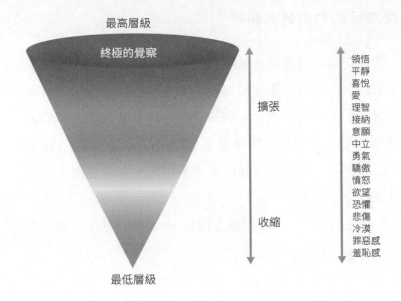

最高層級

終極的覺察

擴張

收縮

最低層級

領悟
平靜
喜悅
愛
理智
接納
意願
中立
勇氣
驕傲
憤怒
欲望
恐懼
悲傷
冷漠
罪惡感
羞恥感

之後，我的朋友拜倫‧烏德爾（Byron Udell）推薦了一本書給我。烏德爾經營著一家位於芝加哥附近的大型公司，他推薦的書是約翰‧加特納（John D. Gartner）所著的《輕度狂躁的優勢：在美國（些微的）瘋狂和（大量的）成功之間的關聯性》（*The Hypomanic Edge: The Link Between (a Little) Craziness and (a Lot of) Success in America*）。這本書讓我理解，我並不是孤身一人面對輕度狂躁症。我接受了自己的瘋狂，並開始把這當成一項優勢來運用，而不是一種情緒上的過分執著。這本書也讓我意識到，我天生就是要來做大事的，而我的人格特質在創建企業時會是一項資產。最後，我學會開始接受自己，包含缺點，以及全部的自己。

可以激發動力的四大領域

當我在倍力健身房推銷會員資格的時候，我跟一個叫做史督華的人一塊兒工作。跟我一樣，史督華也辭職了，轉而去賣保險。有一天我們一起吃午餐，一邊聊著我們的目標，史督華說道：「我們的願景是成為加州最大的保險公司之一。如果努力個幾年，錢就會源源不絕地一直滾進來，我也就可以輕鬆過日子了。」

我跟史督華說：「我們將會擁有 50 萬個有執照的保險經紀人，我們公司將會成為美國最大的保險公司。」他用一種彷彿我在妄想的眼神看著我。我看著他，心裡十分困惑，因為潛在市場這麼大，我不懂怎麼會有人思考的格局這麼小。我在追逐的是被寫進歷史課本裡，他在追求的是簡單生活。

財務自由的念頭賦予史督華動力：每年賺個 50 萬美元，而且幾乎不用工作。他知道驅動自己的是什麼，甚至也做到了。如果他看到我的生活，搞不好會慶幸自己躲過了子彈。如果驅動他的是財務自由，那他幹嘛要忍受每週超過 100 個小時的高壓工作，以及長期的壓力呢？

你現在明白我為什麼要說這些了嗎？你必須知道驅動你的是什麼，每個人都不一樣。我意識到是什麼東西在驅動我之後，就不需要鬧鐘了，所以，即便我現在已經在財務上安全無虞，我的動力卻是前所未有的高漲。

那也是為什麼我能忍受每週超過 100 個小時的工作，也

是為什麼只要有一丁點的自我憐憫悄悄侵入心頭，我就會立刻停下腳步提醒自己：這是你自己選的，派崔克。這聽起來開始有點像是豐田汽車的廣告：那是你要求的，你也拿到手了。有趣的是，如果我待在原本的職位上，我是有辦法達到年收入 500 萬美元的，然而，即便在我可能會破產、極度瘋狂的時候，我也從未對自己的選擇感到後悔。

　　為什麼呢？因為我付出了時間，去了解驅動我的是什麼。

　　現在輪到你了。你可以把驅動力拆成 4 個類別，從這裡開始：發展成就、瘋狂特質、個人生活、人生意義。（若是想要做個測驗，找出驅動你的是什麼東西，請見本書附錄 A。）

發展成就
- 下一次的升職
- 完成一項任務
- 趕在期限前完成
- 達成團隊目標

個人生活
- 生活風格
- 認可
- 安全保障

瘋狂特質
- 反抗
- 競爭
- 控制
- 權力與名聲
- 證明別人是錯的
- 避免丟臉
- 全面征服
- 成為最佳（紀錄）的欲望

人生意義
- 創造歷史
- 幫助他人
- 改變
- 影響
- 有所領悟／自我實現

如果有一項以上的因素可以驅動你，是很正常的。你的優先順序會發生變化也很正常。仔細看看上方的清單，大部分的時候，你會需要一些催化劑來激發你的動力。以下有四個理由，可能會讓你想要重新評估驅動自己的是什麼：

- 覺得無聊
- 成果每況愈下
- 高原期或停滯期
- 有種自己的才華正在流失的感覺

如果你感受到其中任何一項，那麼現在就是個完美的時機去進一步深究，並找出自己真正想要的是什麼。

放下初衷往前走，進到下一個「為什麼」

思考動力來源的另一種方式是去問：「我為的究竟是什麼？」當有人問你這個問題時，你可能會說「我不知道我為的是什麼」或是「我想我是為了我的家人而這麼做的」或是「我想要達到財務自由」。每個人都有個「為什麼」，但難就難在大部分的人從來都放不下他們的初衷。

你可能很熟悉心理學家馬斯洛（Abraham Maslow）的需求層次理論。1943 年，他在《心理學評論》（*Psychological Review*）發表了一篇論文〈人類動機的理論〉，描述人類的

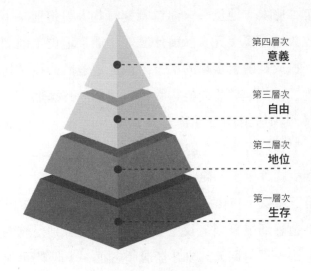

第四層次
意義

第三層次
自由

第二層次
地位

第一層次
生存

需求會進化。如果你正在面對死亡，就不會去思考你的目標是什麼；如果你還在掙扎著要養家活口，就不會有多餘的心力去想你身後要留下什麼樣的資產和傳奇。這很合理。一旦你滿足了核心的需求，自然而然就會往金字塔的上方移動，並渴望著歸屬感、尊嚴與成長，這也很合理。

我將想要成長的欲望，視為「放下初衷往前走，進到下一個為什麼」，我認為這可以分成四個層次（如上圖）。

四個層次的為什麼

第一層次：**生存**——為了賺錢而工作的人，他們只在意能否如期繳帳單。有些人在這邊就止步了。

第二層次：**地位**——你會聽到有些人說這種話：「我想要年收入破百萬美元。」為什麼呢？為了地位！他們可能想要開好車或是擁有很棒的房子，或是把他們的孩子送到遠近馳名的學校。他們想要能夠談論有這個、有那個，一切都只是為了跟鄰居或朋友在物質生活上做比較。地位依然是膚淺的，但是已經高於生存層次了。大部分的人達到這一層之後，腳步就會變慢，從此安頓下來。

第三層次：**自由**——有些人可能會說：「我對於年薪幾十萬美金感到很厭煩，我想要自由、想要賺到足夠的錢，讓我有餘裕，不用每天都坐在辦公室裡面。」他們可能會想住在安全的社區裡，小孩在外面遊玩也不必擔心。或者，他們可能想要從事數位遊牧（digital nomad，在不同城市或國家進行遠端工作），好讓自己夏天時可以衝浪、冬天時可以滑雪。

自由作為一個理由總是有點自私。想要自由沒有任何不對，但一旦獲得之後可能會感到很空虛。如果這符合你的狀況，而且你的滿足感變成了挫折感，那麼你現在已經有這份奢侈的空閒，可以走得更深入，專注去找出人生的哪些面向會讓你獲得真正的滿足感。

第四層次：**意義**——要定義自己的意義，你得問出這兩個問題：我希望別人怎麼記住我？我想要如何影響人們的生活？意義是關乎實現你來到這個世界的理由，是在挑戰自己的極限、想要成為最好的自己。在這個層次運作的人，是由下列幾個項目所驅動的：

- 創造歷史
- 幫助他人
- 改變
- 影響
- 有所領悟／自我實現

很少人能夠達到意義的層次。為什麼？有些人是因為恐懼。有些人是終其一生都卡在生存的層次，沒有其餘時間思考。有些人則是因為有太多東西使他們分心，讓他們被綁住了，不管這些東西是社群媒體、體育或是娛樂。事實上，沒有人是真的被這些東西給綁住，他們之所以選擇這些東西，是為了要逃避現實，以及避免自我探索這項苦差事。結果就是並未花夠多的時間去問出那些正確的問題。

如果你想要發揮重大的影響力，那麼只有當你願意坐下來，拿那些關於生命最重要的問題來問問自己，才有可能發生。不幸的是，大部分時候，大家就只是一直走、一直走、一直走，一直到死去，都從來沒問過自己那些最重要的問題。

我要給你一項挑戰：不管你現在處於哪個層次，去搞清楚你的意義是什麼。

自我認同稽核表

本書提供給你的所有工具中，自我認同稽核表是最重要

的。我們常常會過度使用「這會改變你的人生」這句話，但在這裡，我是用親身經驗來證明，進行自我認同稽核（一連串的問題，會讓你發現自己）後，徹頭徹尾改變了我的人生，而且改變的幅度非常巨大。

你所崇拜的，那些讓產業界重新洗牌的人、創辦人、領導人和運動員，之所以走到他們今天的位置，並不是憑藉著好運。他們一定有過一個時刻（或是許多的時刻），百分之百對自己誠實，而且是到殘忍的地步。那會是個私密的時刻，這時候他們會面對自身的墮落、恐懼，以及那些一直存在於腦海裡、心頭上，讓他們裹足不前的自我限縮的信念。這種時刻通常會發生在遭遇逆境和打擊之後。

現實生活中，極少人願意在人生中喊暫停，去體驗重大的突破。現在的生活步調比以前都快，想想看智慧型手機上有多少不同的應用程式需要查看，10 年前我們都不用擔心這些東西，我們太常去查看 Instagram、臉書、推特、YouTube、簡訊、電子郵件、領英（LinkedIn），還有那些新的應用程式。然而，我們要去查看的身外之物還不只這些。

2003 年 8 月，有個睿智的朋友感受到我的掙扎。我那時24 歲，開始展現才能和堅持不懈的努力。我有銷售的能力、求知若渴，但我感到生氣又困惑。那位睿智的朋友並未對我說教或是把我送去精神科，而是給了我 83 個問題。他唯一的說明只有：「去個安靜的地方，持續問問題，在你找到答案之前不要離開那個地方。」

我完全按照他所說的去做，我那時一個人坐在海邊，待上七八個小時去回答這些問題。我的情緒很激動，幾度感到挫折與失望。我一直問自己：「為何有這麼多人都體驗到成功的滋味，而我卻沒有？」因為我是一個人做這件事的，所以可以真正理解所有的來龍去脈，並且開始注意到一些傾向與模式。

　　終於，我感覺鬆了一口氣，**因為我意識到所有的問題和答案都在我自己身上**。明白這件事之後，我知道我有修正問題的控制權。

　　這項練習非常重要，所以我濃縮了一些最重要的問題之後，製成這份我稱為「自我認同稽核表」的問題集。

　　當你去研究最重要的那個人（你）的時候，就會開始理解到要怎麼克服那個拖著你、讓你無法往前走的最主要的人（還是你）。

　　這些問題以及所帶來的反思，徹底改變了我的生活，讓我從一個平凡無奇的人，開始意識到自己生命的潛力。我感覺自己自由了，也接受了自己的極限和挑戰。現在，當我在對創業家提出建議時，我會要求他們去做一次自我認同稽核。

　　這套做法的關鍵是用最高的敬意來對待這份測驗，你不必急著做完，也不用想著要拿到完美的分數，誠實的答案才是唯一的正確解答。重點是要有所突破，這份測驗越是激起你的情緒，就越有可能做出突破。等你做完這份稽核表，也鼓勵別人一起做。在生命中有所突破，並邀請其他人跟你擁

有同樣的經驗，沒有什麼可比擬這種感覺了。

你可以在本書附錄 B 找到自我認同稽核表。自從在我的網站上貼出自我認同稽核表之後，有來自 130 個國家、超過 200,000 個人做過這份稽核表。結果帶來了重大的轉變。

請慢慢做。這個經驗對其他人來說極為深刻，我希望對你來說也是。

自我探索與自我認同稽核的好處

- 覺察會讓你看到所有問題（和解決方法）的核心都是你。
- 你會意識到你的問題是可以被解決的。
- 你會打破那些自我限縮的信念。
- 藉由找出某種模式，會讓你終結有害的習慣。
- 當你發現除了自己之外，沒有人可以控制你的命運，你對其他人的憤怒就會熄滅。

主動出擊，找出並研究你的盲點

不論你對自己做了多少研究，還是一定會有盲點。要找出盲點的第一步，就是有意願想要找出它們。等你發現自己的盲點最終會讓自己變得更好之後，就會滋生出這樣的意願。這就是讓你去找出盲點的那個「為什麼」。

我本身自我覺察的能力並非與生俱來的，事實上，我在

剛開始發展事業的時候，幾乎沒有任何自我覺察的能力。在我剛成立保險公司時，人家認為我在會議上很傲慢，我跟一些主要的承保單位見面，一開口就告訴他們：「我們將會擁有 50 萬個取得執照的保險經紀人，我們將會開出史上最多的保單。」

1994 年，《基業長青：高瞻遠矚企業的永續之道》（*Built to Last: Successful Habits of Visionary Companies*）一書的作者詹姆·柯林斯（Jim Collins）與傑瑞·薄樂斯（Jerry I. Porras）創造了一個詞：「膽大包天的目標」（Big Hairy Audacious Goal, BHAG），他們將這個詞定義為「為期 10 至 30 年的大膽目標，讓你朝著所展望的未來發展」。

在我向那些大型保險公司宣布了我自己膽大包天的目標之後，他們一致地用一個問題回應我：「你們在業界多久了？」

「兩週。」我會這麼回答。

我的盲點並非在於這個膽大包天的目標，而是並未理解我的受眾。金融市場在 2008 年底慘跌，造成極大的傷害，以致保險產業的巨獸美國國際集團（AIG）差點倒閉。整個業界沒有其他選擇，只能被迫採取防守的姿態。2009 年，一個 30 歲的中東男子（我），卻宣稱自己將會有 50 萬個經紀人。當時，其他保險公司最不想賭的就是一家高風險的新創公司，他們正專注於生存、守規以及風險管理。

凱西·拉森（Cathy Larson）是安聯人壽（Allianz）的高層，那是一家價值超過 4 千億美元的公司，當我向她做出

這個大膽的提案時，她說：「你滿嘴都在胡說八道，你知道這套東西有多少人說過嗎？在你提出這種荒腔走板的說法之前，最好有比歷史戰績更好的東西拿得出手。」

她的建議點醒了我，即便我對於自己的未來現實相當確信（我在腦海中已經看到這個未來實現了），我仍需要調整方法，以符合受眾的需求。我的願景沒有改變，但是我的方法需要好好改進。

我開始思考如何調整提案，以及深入思索我是什麼樣的人。有了更多的自我覺察後，我想出一個計畫，可以反映出我想達到的成就。我學會該如何把我那個「膽大包天的目標」翻譯成接下來的行動，此外，更重要的是，在對於受眾有全新認知的背景之下，我理解了這些行動的先後順序。

了解自己是一個需要努力的過程，鮮少是瞬間的頓悟

你需要去理解自己是誰、什麼事會讓你採取行動、你可以承擔多少風險，以及你想要擁有哪一種家庭。在第一步中，所有故事和練習背後都有一個關鍵的元素，就是誠實。看著鏡子裡的自己，有時候可能是一件很痛苦的事，我說過我在做自我認同稽核時哭得有多厲害，但這樣的痛苦是值得的。

等你弄清楚了最重要的產品（你），就自然而然有辦法順著這個方向做出決定，而這些決定會讓你完成你的目標。

第 3 章

你創造財富的道路：
要當內部企業家還是創業家？

　　金錢只是一個工具，你想去哪裡，錢都可以帶你去，但是錢無法取代你成為駕駛。

——艾茵·蘭德（Ayn Rand）

■

　　艾瑞克·德拉赫（Eric Drache）是世界上首屈一指的撲克牌玩家。從 1973 年到 2009 年，這 36 年的時間，他在世界撲克大賽的系列賽事中三度獲得亞軍。許多人都認為德拉赫是世界上第七強的撲克牌玩家。大家常說一個笑話：那是因為他只跟前六強的人打牌！儘管他的能力超群，卻常常破產。你可以以他作為警惕的例子，提醒自己該如何選擇不要去哪些公司。

　　你想要的是選擇一條道路，讓自己擁有比較大的贏面；在撲克牌裡，這叫做選局。在任何賽局（或生意）裡，決定你輸贏的並不是你本身有多厲害，而是跟你的競爭對手比起

來，你有多厲害。這就是為什麼知道自己的優劣勢，並找到一個你本來就具有優勢的市場是如此重要。

本書第 1 章和第 2 章是在講自我覺察。現在你已經定義好自己想要成為什麼樣的人了，也對最重要的產品（你）有所研究，是時候更明確地去選擇一份跟你的願景一致的事業。

我不認為每個人都想要建立下一間蘋果公司，或是每個人都想要成為下一個伊隆‧馬斯克。我不認為每個人都想要擁有這種生活：20 幾年來，每週都花 80 到 100 個小時在工作上，以建立一個大型帝國。有些人只想要開一家小小的公司，讓他們可以擁有控制權，而不用處理《富比士》雜誌那種 500 大企業裡每天發生的政治問題。也有些人只想要建立線上企業，好讓他們可以一邊環遊世界，一邊經營事業。

為了要開創一條屬於你的道路，自我覺察至關重要。當你對自己夠誠實，你可能會意識到，成為一位創業家可能不是一條適合你的路。若是這樣，正如同你將會在這個章節裡看到的，想過上有滿足感的生活，同時也能賺到錢的話，選項還有很多。

順著你自己的梯子往上爬，以取得控制權

每次我去演講的時候，都會問觀眾一個問題：你認識的人當中，最富有的人是誰？

大部分的人想都不用想就可以立刻回答，我們都很清

楚，有個叔叔或阿姨或表哥或某個爸媽的朋友，就是在大房子裡替全家人辦感恩節派對的那個人、會一直在頗具異國情調的地方拍照，再把照片放上網路的人。

我問觀眾的第二個問題是：那個人是以員工還是事業主的身分累積出他的財富？

當我問出第二個問題時，整個屋子的人都懂了，我從他們的表情看得出來。「哦！我的老天！」

然而，打從我們學會說話開始，就被教導要順著別人給的梯子往上爬。首先，你要爬上學校給的梯子：拿到好成績、進入一所好大學，然後試著進入一間更好的法學院、商學院或是醫學院。如果你在學校這把梯子上表現得相當傑出，就可以開始爬集團企業給的那把梯子：做著一份對你個人來說沒什麼意義的工作，以換取一份尚可接受的薪水，好讓你一路往上爬到中階主管的位置，接著就可以抵達「安全保障」的目標。

這就是個謊言，那些爬過梯子的人可以證實這一點。羅勃特・清崎（Robert Kiyosaki）的著作《富爸爸，窮爸爸》（*Rich Dad, Poor Dad*）駁斥了這項迷思：教育是通往致富的道路。財富和成功並不會在別人梯子的頂端等著我們，**只有在你對自己的成功負起責任時，才可能會有更富足的生活**——財務上、情緒上、智識上的富足。

我可以很肯定地告訴你一件事：創業的重點不能是為了錢。我知道你現在注意力都放在成為百萬富翁或是億萬富翁

上，但我卻這麼說，聽起來很奇怪吧！然而，如果你的動機僅只是錢，在某個程度你就會停下來了，你會變得懶散或是沾沾自喜。假如你想要成為一個創業家，你的理由必須要超越財富。

擁有一家公司太過痛苦，如果只為了錢，是很難忍受這種痛苦的。對於很多人來說，表面的榮華富貴確實是個重要的動機，而我並不是要否認這一點。權力、名聲、他人的賞識、威望，以及尊敬（證明那些討厭你的人是錯的），對於選擇走上這條路而言，通常會是個重要的理由。但是，那些持續奮鬥不懈的人，不僅僅是為錢所驅動的，驅動他們的東西，遠比這些更加偉大。

如同我們先前討論過的，有很多方式可以累積財富，並過上心滿意足的生活。創業家可能在財務方面擁有最大的優勢，但在這裡陣亡的人也是最多的。我要向你說明不同的觀點，並強調不同人的道路，以提供你一些見解和洞察。

591 億個成為內部企業家的理由

我曾經在領英上收到一則訊息，是 IBM 一位高層傳來的，他寫道：「派崔克，我在 IBM 待一陣子了，這幾年來我一直有在追蹤你的內容。雖然我現在可以賺到很多錢，但其實我真正想要的是成為一位創業家。然而，我有老婆和 3 個孩子，我有點擔心他們，我該怎麼做？」

我們用電子郵件來回交流了一段時間，我問了他一些問題，關於他想要成為什麼樣的人，而他開始理解到，內部企業家對他而言似乎是個理想的選擇。內部企業家指的是，你是公司的一分子，創立了一個新的事業單位、發起一項新的行動，或者是成功獲得獎勵，因為你替公司帶來成長與創新。在某些情況下，可能代表你成了不可或缺的人才，以致公司必須要讓你持股，以此留住你。

財務長和科技長的平均任期都少於 3 年，他們通常會待到自己的股權生效為止，但有些人也會因為新的機會而在一家公司待得更久。他們不只有一份穩定的好薪水，也有很多其他好處，你也可以說這就是兩全其美。

2020 年 3 月，世界上最富有的內部企業家，史蒂芬・巴爾默（Steve Ballmer）的淨資產是 591 億美元。1980 年，巴爾默從史丹佛大學管理碩士學程中休學，成為微軟第 30 位員工。整整 20 年的期間，他的表現和思考都像是一位內部企業家，他在 2000 年當上執行長，直到 2013 年，透過股票和獎金累積了相當豐厚的財富。當 NBA 的洛杉磯快艇隊於 2014 年要出售時，他輕而易舉地開出比其他人都高的價碼，他作為內部企業家所獲得的成功，讓 20 億美元的價格看起來微不足道。

我們都記得 1976 年賈伯斯創辦了蘋果公司，但有些人會忘記他 1985 年被趕下台，要等到他成立 NeXT 和皮克斯動畫工作室之後，才又在 1997 年回到蘋果，當上執行長。

他跟公司談判成功，讓公司給他 550 萬美元的股份。當然，最後這些股份價值好幾十億。這個故事的寓意是什麼？即便是賈伯斯，最後都成了一位內部企業家。

內部企業家有哪些人格特質？你要怎麼分辨一家公司會吸引並培養內部企業家呢？我們先從第一個問題開始回答起。

成功的內部企業家所擁有的 5 項特質

1. 內部企業家用創業家的方式思考。
2. 內部企業家用創業家的方式工作。
3. 內部企業家用創業家的方式處理緊急狀況。
4. 內部企業家用創業家的方式創新。
5. 內部企業家用創業家的方式保護品牌（和公司的錢）。

這五點凸顯了一個事實：無論是行動還是思考方式，內部企業家都有別於一般的員工；他們是用企業主的方式在行動和思考。他們不是為了薪資而工作，他們之所以工作，是為了建立某樣東西，讓自己感到自豪與滿足；他們想要的是獲得賞識、自主性、資源，以及所有權。

內部企業家與創業家的不同之處在於，前者通常服從權威，後者則是反抗權威。內部企業家會尊敬地說：「我思考的方式像你，我工作的方式像你，我就跟你一樣，但你能賺到錢，你點燃了願景，你承擔了所有風險。」內部企業家在組織系統內工作，卻能找到方法改進自己，同時也改善

公司。如果你對於創辦人或是現任執行長沒有某種程度的敬重，你就不適合在公司內部創立一項事業。

公司培育內部企業家的方式

Google 會僱用有創意的人，為了好好利用這些人的技能，他們設立了一項政策，以培育內部企業家的精神。他們在剛上市時曾經發表過一封信，兩位創辦人賴利‧佩吉（Larry Page）和謝爾蓋‧布林（Sergey Brin）講述了他們關於「20％」的概念：

除了常態專案之外，我們鼓勵員工將 20％ 的時間花在他們自己認為對 Google 最有益的事情上。這會讓他們擁有權力，可以變得更有創意，創新能力也更強，我們有很多重大的進展都是用這種方式促成的。

從這個 20％ 中創造出來的產品，包括 Google News、Gmail 以及 Adsense。

那些會吸引並培養出內部企業家的公司，會用特定的方式溝通，以吸引那些比較適合在「大」公司工作的創新人士和明星員工。這些公司會提出一個願景：任何一位員工都可以往上爬，不用拿出他們所有的積蓄、不需要冒著發瘋和失眠的風險，並且依舊保有創新與執行的自由，同時還可以用

他們自己的點子賺到錢。

當我 20 幾歲的時候，我替一家保險公司賺進了大把鈔票。我當時的想法是要當上執行長，讓自己的財富有所成長。我從來沒想過我得辭職才能創造出重大的影響，並且賺到隨之而來的財富。有一天，我採取了一項行動，那是我從電影《征服情海》（*Jerry Maguire*）學到的，我寄了一封長達 16 頁的信給公司高層，向他們解釋我的願景。沒人理我。接著我把這封信寄給母公司，半小時內，一個名叫傑克的人立刻給了我回覆，並安排了一場會議。我把我的想法告訴一些高層，而他們試著將部分的想法付諸實行，但是一位名叫凱娣的女士對整個計畫喊停。

那家公司的文化跟 Google 完全相反。他們說得很清楚，並不希望我有所創新，就像那位記者勞拉·英格拉漢姆（Laura Ingraham）對勒布朗·詹姆士（LeBron James）說的：「閉嘴，運你的球。」[4] 那家公司基本上就是在對我說：「閉嘴，賣你的保險。」

凱娣是一個完美的例子，示範了貴族和官僚是什麼樣

---

4 譯注：NBA 球星詹姆士曾對於當時的美國總統川普發表看法，而與之立場不同的福斯新聞主持人英格拉漢姆表示：「你是個偉大的球員，但沒人投票給你，而有數百萬人都投給川普，要川普成為他們的教練，所以還是別做什麼政治評論吧，或者，用某個人的話來說：閉嘴。運你的球。」資料來源：https://www.washingtonpost.com/news/early-lead/wp/2018/02/16/fox-newss-laura-ingraham-to-lebron-james-and-kevin-durant-shut-up-and-dribble。

子。勞倫斯‧米勒（Lawrence M. Miller）的著作《從野蠻人到官僚：集團生命週期策略》（*Barbarians to Bureaucrats: Corporate Life Cycle Strategies*）描述了公司是如何經歷多個階段──先知、野蠻人、建築工人、探索者、行政人員、官僚以及貴族。每隔一陣子就會有個增效劑出現，拯救公司免於關門大吉。當時，那家保險公司有很多訴訟纏身，更別提他們做事不道德的名聲，對這個品牌造成了莫大的傷害。

　　由於凱娣的固執與不願改變，最後讓公司付出好幾億美元的代價，這可不是個小數字。她很傲慢、自以為是，讓我想起電視劇《權力遊戲》（*Game of Thrones*）裡的瑟曦‧蘭尼斯特，她是個壞人，覺得自己高高在上、傲視著所有人。要說有什麼是更糟的，可能會是公司對於凱娣所作所為的容忍。當原本的先知已經離開，而現在的建築工人和探索者將太多權力賦予了一些根本不值得的人時，這是很常見的情形。

　　凱娣把我逼到無路可退，要我做出決定。當時，我還沒看出我的下一步是要把所有積蓄都拿去投資，成為一位創業家。在做出決定之前，我跟凱娣、公司高層和他們的律師開了一次會，會議室裡有一些我極為尊敬的人，我到了那裡，準備好要跟他們分享我接下來五步的行動是什麼，看看他們有何意見。

　　當時，他們沒說什麼，等到一陣子之後，他們的話才傳回我的耳裡，他們認為我說的話都是策略性發言。他們認定，我之所以威脅說自己要離開公司，目的是要他們掏出錢

來留住我。當時公司的負責人是個令我相當敬重的男士，他告訴我：「派崔克，這在業界很常見，像你這種重要球員，會對我們提出要求，叫我們給錢，否則就要離開。」

我可以告訴你，那張桌子上沒有人有一丁點的機會可以在世界撲克系列大賽中取得勝利，門都沒有。我當時是百分之百真摯地提出建議，但他們並沒有把我的建議視為成長的機會，而是帶著防衛心，試圖宣稱我的意圖是要勒索他們，藉此來合理化現狀。

我要強調一件事，就是我完全不認為自己在這個故事裡是受害者，或者認為他們是有意報復。我只是認為他們的公司文化，導致權力被賦予給一個被自尊和自我形象驅使的人。

當時，我一點都不想要有被告上法院的經驗，也不想要整整 10 年每週都工作 100 個小時，也不想要面對資訊（IT）、人資（HR）、客戶關係管理（CRM），以及其他我當時還不認識的縮略語。假如凱娣知道該怎麼跟獅子對話（第 8 章會在這方面著墨得更多），我就會留下來了。但是，有鑑於她並不知道該怎麼促成內部企業家的成長，我也就離開了公司。

我再說一次，我並不認為自己是這個故事裡的受害者。商場上就是會發生一些超出你控制範圍的事情，而你決定怎麼回應這些事情，則可以看出你有沒有真本事。

有時候，比起你先前計畫好的，你會被迫更早做出下一步行動。我相當清楚我不可妥協的部分，一旦我被迫在這些

東西上妥協，我就得回到事業的棋盤上，發動新的攻擊計畫。

會吸引內部企業家的公司所具備的特質

1. 對於經過評估的風險，公司高層願意承擔並鼓勵創意發想。
2. 公司的薪酬結構會獎勵創新與傑出的表現。
3. 公司高層主動出擊（改善），而不只是防守（保住自己的飯碗）。
4. 公司高層會提拔冉冉上升的新星，而不是扯這些人的後腿。
5. 公司高層會主動從組織的各個層級去搜尋點子和想法。
6. 公司高層會主動尋找年輕人才，讓公司保持活力和創新力。

　　讓我先把話說清楚：如果你還沒決定要走哪條路，或者正在思考是否要離職去創業，這些話就是在對你說的；我想要讓你知道，在一家對的公司裡當個內部企業家合情合理。如果你現在正在經營一家公司，那這些話也是說給你聽的；知道如何吸引並獎勵內部企業家，會大大影響公司的成長能力。

　　我再講最後一個關於內部企業家的故事。最近，我跟一家承保機構進行了協商，他們的員工毫不猶豫地跟我分享了他們老闆造成的挫折感。因爲他們的點子經常被打回票，導

致他們總是在防守；而那家公司的文化（以最上頭的那個傢伙為首，他是個厭惡風險的傢伙），逼得他們必須守著原本的方法並維持現狀。如此一來，銷售當然一直不見起色，最有野心的幾位員工紛紛離開，這也就沒什麼好奇怪的了。要記得，不作為也是一種作為。不管你在玩的是西洋棋還是商業遊戲，看著有限的時間一點一滴地浪費，都會為你帶來極大的困擾。

公司一定要建立起一套薪酬結構，獎勵點子並鼓勵創新。內部企業家想要看到的是，如果他們付出努力、有所作為與創新，公司就會將他們視為創業家，並給予獎勵，也許是提供他們薪資加給、認股權，或是其他東西。如果你在組織裡是一顆冉冉上升的新星，並且在組織內部看到一條通往財富的路，那你就有可能留下來。但如果你看不到這樣一條路，這個組織將會失去你，發生在我身上的事情就是這樣。

就像那位來向我尋求建議的 IBM 高層一樣，就算你野心勃勃也很有能力，但可能還是有很好的理由不需自己開公司、當老闆。若是一家公司有辦法培養出內部企業家，那麼跟一家公司合作（而不是替一家公司工作），亦不失為一個很好的方案。

不要用創業家的最終產品來評斷這個人

無論一個人的人生紀錄看起來是何等完美，在他事業中

的某個時間點，他都曾經遭遇困難並掙扎過。以下這則推文是一個完美的例子，顯示了大家如何看待創業家，以及與創業家現實生活之間的差距。

艾瑞克・迪普文
@EricDiepeveen

我在 Instagram 上追蹤了 @elonmusk，他的生活看起來超棒的。
我在想，為了過上這麼棒的生活，他必須面對哪些起伏波折呢？

伊隆・馬斯克
@ElonMusk

@EricDiepeveen，現實是偉大的成功、悲劇性慘敗與無止境的壓力，我不認為大家會想聽到跟後兩者有關的部分。

有太多人會用創業家現在的地位，而不是他們成功之前的樣子，來評斷一位創業家。大家也看不到（或是不想看到）隨著成功而來的壓力。這種錯誤的理解是一個盲點，可能會讓你被誤導並做出錯誤的行動。

當我和成功的創業家見面時，我會想要了解他們自認為身在地獄中苦熬的那個時期。我會問這些問題：當你還不確定自己有沒有錢可以付房貸時，每天的行程是怎麼安排的？是否有過靈魂彷彿在黑夜中徘徊一般的經驗？是否曾經哭到睡著，或是因為恐懼而整晚睡不著？你克服過最困難的事情是什麼？你害怕什麼？是什麼東西幫助你撐過所有恐懼和不安全感？

我在「價值娛樂」頻道上訪問知名人士時也是一樣，我不會去問其他人會問的那些陳腔濫調的問題，也不會去美化惡名，而且我特別不想要強調執行長光鮮亮麗的那一面，我希望我們的對話可以更深入，因為那是一個人故事的真正價值所在。

　　　　　　　　■　■　■　■　■

　　2015 年，我帶一些同事去了一趟杜拜，包含席娜和麥特，他們是一對新婚夫婦。在抵達目的地之後，席娜、麥特跟我的幾位朋友一起搭電梯，但是雙方人馬並不相識，在電梯裡，席娜和麥特大吵了一架，因為他們銀行戶頭裡只剩不到 1,000 美元。

　　當晚我召集大家一起用晚餐，並向其他人引介了席娜和麥特，我說：「他們這對夫妻非常強大，絕對會做得非常好！」席娜和麥特的臉立刻就紅了，而有些人則是發現了好笑的地方，於是微笑，甚至笑出聲來。我則完全不曉得是怎麼一回事。

　　用完晚餐之後，我們在一條遊艇上，大家都喝了幾杯，然後麥特說道：「派崔克，他們（意指跟我們一起用餐的那些同事）看到我和席娜在電梯裡吵得不可開交。」他們彼此都覺得很尷尬，但是隨著我們的談話慢慢進行，我們聊到了婚姻，而他們開始詢問我的婚姻。

「讓我告訴你一件事，」我說道，「我和太太也會很激烈地大吵，我們上禮拜才剛大吵一架，如果你認真偷聽的話，會認為我們 10 秒後馬上就會訴請離婚了，但是我們後來把問題解決並且放下了。爭吵變得很激烈，是因為我們同時面對著很多事情：我們有 2 個年幼的孩子（2015 年時我家老么甚至還沒出生）；我們有各自的原生家庭，還有隨之而來的各種包袱；我們正在經營一家公司；我們試著要運動、維持身材。而我還可以繼續列出一大堆問題和挑戰，可能會讓你們開始頭昏腦脹。」

我跟太太看似有著完美的婚姻，我們處處甜蜜、也深愛著彼此，但是工作和生活的壓力讓完美遙不可及。去問問任何一對結婚 20 或 30 年的夫妻，他們有沒有想過要放棄這段婚姻的時刻。我賭大部分的人都會說有。

這段故事有趣的地方在於，席娜和麥特是在 2015 年加入公司的。4 年之後，他們兩人加起來的年收入超過 150 萬美元。人人都看得見他們的成功，但是很少人看得到如此的成功，他們是忍受過什麼才換來的。

不要用最終產品來評斷一位創業家，去看看還在發展中的產品。要接受現實以及其中所有的逆境。如果這聽起來很嚇人，那我的任務就完成了！我在這裡就是要實話實說。再說一次，你可能會意識到自己並不適合創業，而有的人可能反而會更強烈感受到自己必須走上這條路。

找到你的「藍海」

我不會在此談論在某個特定產業內創業需要哪些基本技巧，有很多書籍和線上資源都可以告訴你，要怎麼開一家連鎖餐廳或是研發一款手機應用程式。我要講的不是這些，我希望你思考得更廣一點，去想想怎麼找到你的必勝局。2004 年，金偉燦（W. Chan Kim）與任教於法國楓丹白露（Fontainebleau）的歐洲工商管理學院（INSEAD）的芮妮‧莫伯尼（Renée Mauborgne）合著《藍海策略：再創無人競爭的全新市場》（*Blue Ocean Strategy: How to Create Uncontested Market Space and Make the Competition Irrelevant*），這本書是一項關鍵的資源，帶領我找到那個我有辦法取勝的局。這本書的前提是，與其在比賽中屈居弱勢、與人競爭，不如去找到你必勝的、尚未被探索的新市場，最後直接達到無人能與你競爭的局面。

在 1950 年代晚期，哈羅公司（Haloid Company）理解到自己無法跟那些較大的競爭者匹敵，於是轉換焦點到另一個領域，就是他們所看到的那片藍海：影印機。1958 年，他們把公司名改為哈羅全錄（Haloid Xerox）。1959 年 9 月 16日，全錄 914 影印機的廣告上了電視，很快就在業界掀起一波革命。這項產品非常成功，以致這家公司在 1961 年再度改名，成為全錄集團。

企業都需要獨特的賣點。若要找到你可以取勝的那個市

場，其中一個部分就是了解你自己，去思考一下競爭的情況：考慮到競爭對手之後，你認為這就是自己有辦法表現良好的領域嗎？你擁有競爭所必需的資源嗎？在你有能力跟別人競爭之前，需要去取得特定的資源嗎？

過去，我曾經跟那些有政府在背後撐腰的公司競爭，而我總是居於劣勢。為了要在比賽中贏得勝利，就必須成為政府的內部人士，而我在經歷切膚之痛後，才學到這一點：如果你不是內部人士，那你就是個局外人。由於那些公司擁有特權以及其餘我缺乏的資源，所以即便我非常努力，卻還是有可能會輸掉這場比賽。

你是否全盤了解這場比賽？你的對手是否有一些額外優勢，讓你無論如何都無法戰勝他們？如果有的話，那你就是在一個錯誤的利基市場裡，別抱怨有人在這一局裡動了手腳，你要做的是找到有獨特優勢的那個局。

在《藍海策略》中，兩位作者警告我們，**別試圖在對手的強項上試著打敗對方**，他們堅定表示，站在那個位置上，你注定會輸，他們也提供了一堆證據，證明事實如此。因此，他們相信，不如聚焦於藍海行銷，進入一些相對新鮮、有著高度成長可能性的領域會比較好。

讓我們回到 2007 年，參議員巴拉克・歐巴馬（Barack Obama）用社群媒體建立了自己的平台，成為熱門的總統候選人。與此同時，2007 年 12 月 17 日，榮・保羅（Ron Paul） 72 歲，一天之內就在線上募到 620 萬美金的款項

（55,000 筆捐款，其中有超過 24,000 筆都是新的捐贈人）。但老舊的組織卻聽不進去這個新點子，當他們不用社群媒體的時候，又怎麼可能會理解呢？

我那時 29 歲，並沒有常春藤聯盟的人脈，甚至連大學文憑都沒有。我是個來自伊朗的移民，身在一個保險經紀人平均為 57 歲白人男性的產業裡，我是一個局外人。

如果你的直覺告訴你，我身處劣勢，那麼，比起機會，你更容易看到威脅。或許你把缺乏教育背景當成藉口而不奮力往前，但我希望你看到的是，檢視自己獨特的技能組合與競爭格局，將如何帶你走向藍海。

想想看 57 歲白人男性通常缺乏什麼。首先，他們很少有人會說西班牙語，再者，大部分的人對於社群媒體的使用，都還沒自在到可以將之作為一種行銷工具。此外，嬰兒潮世代的人通常很難理解現在千禧世代的世界觀，這讓他們很難產生共鳴。事實上，2007 年，一位保險經紀人通常會是上了年紀的白人男性，但是 2007 年的美國看起來再也不像是電視劇《草原小屋》[5] 了，美國是洛杉磯、芝加哥、邁阿密，還有紐約。美國有著多樣性，我將之視為一個機會。嬰兒潮世代再也不是聲量最大的世代，他們被千禧世代給取代了，而且，在這群人身上還長了另一個附帶品：電腦（以及

5　譯注：Little House on the Prairie，美國電視劇，講述 1970 至 80 年代一個農場家庭的故事。

智慧型手機），他們去哪裡都會帶著這些玩意兒。

金融產業的行銷方式，就像那些保守陳腐的政客一樣，已經過時了。這個產業尚未欣然擁抱社群媒體，與此同時，政策也變了。嬰兒潮世代以前會接受販售金融服務的陌生電話行銷，2003 年，立法機構制訂了「國內謝絕來電法」（National Do Not Call Registry），讓這種打電話給陌生人的推銷方式變成犯罪行為。於是，這些守舊的人也就無法觸及新顧客了。

同一時間，有些科技方面的行家，相信人壽保險可以在線上販售。再說一次，我看似身處劣勢：我幾乎念不出「演算法」（algorithm）這個詞，也無法在網路上建立一個平台來賣保險。但是我再度看到優勢，跟車險不同，我知道大家就是不會主動去買人壽保險，這種產品一定要面對面去賣。讓我們更加有利的一點是，Google 明白了保險的轉介多有價值，所以把「保險」設定為最貴的一個關鍵字（54.91 美元），比第二貴到第四貴的關鍵字貴上許多：這三個字分別是房貸（47.12 美元）、律師（47.07 美元），以及貸款（44.28 美元）。

另一個趨勢是，提供金融服務的公司正試著要涵蓋所有的項目、服務所有的人。後來出現一股潮流，就是設立一站式的商店，銷售從人壽保險到共同基金乃至貸款的所有項目，而且不止這些，這份清單還可以繼續列下去。因此，從業人員在可以賺到錢之前，必須接受更長時間的訓練，還要

通過更多考試。對此，我的回應是找到一片藍海。我不走廣泛的路線，而是走專精的路線。我們的新進保險經紀人不需持有四五張投資相關執照，他們只要有一張證照就夠了。如此一來，就讓訓練的過程變成流線型，並消除了美國證券交易委員會和其他主管單位所設定的不必要的審查問題。

2008 年，巴拉克·歐巴馬，這位非裔美國人將社群媒體當成競選策略中一個相當關鍵的部分，並成功當選總統。他打敗了當時執政黨的候選人希拉蕊·柯林頓（Hillary Clinton）（第一場大選）與約翰·麥肯（John McCain）（第二場大選），與此同時，古板守舊的保險產業卻還是老樣子。因此，我找到我的藍海，這讓我有了信心，相信聚焦於女性與少數民族的策略，再搭配社群媒體上的高度活躍性，會讓我們擁有優勢。

在我分享了這些例子之後，我希望你能聚焦於發揮獨特才能，在你所追求的生意中找到利基市場。

當競爭者的知識與技巧都不如你時，你就有可能會贏。沒有哪門生意是毫無風險的，但你可以選擇贏面大的局來降低風險。有辦法逞強並認為自己可以打敗業界任何一個競爭者，那很好；但是，相信自己可以在別人的局裡取得勝利，那就是傻了。

➡ ➡ ➡ ➡ 第一步：徹底了解自己

你想要成為什麼樣的人？

不論是獨自一人、找導師談談，或是使用第 1 章討論的
那些問題，你都要留一些時間來釐清自己想成為什麼樣
的人，這會幫助你化悲憤為力量。你要創作一幅視覺圖
像，這幅圖像可以時時擺在你眼前，提醒著自己，你的
未來現實是什麼。

研究最重要的產品：你

不要等到危機發生，才去尋找關於最重要的產品（你）
的線索。現在就找時間探索自己，要能夠自在地問自己
一些困難的問題，辨明是什麼事情會激發你的動力。本
書的自我認同稽核表是個很完美的起點。

你創造財富的道路：要當內部企業家還是創業家？

你要找到一條路，讓你可以發揮獨特才能，而且是你贏
面最大的局，可能讓你獲得最高的報酬，同時也可以點
燃你的鬥志。無論你是想要當一個創業家還是內部企業
家，或是尋找其他職位，都要有策略去找出該用何種方
法建立自己的財富。找出競爭優勢，讓自己與眾不同，
才能找到屬於你的那片藍海。

徹底精通推理與
判斷的能力

第 4 章

處理問題的非凡能力

> 你可以掌控的是自己的心智，而不是外在的事件。當你意識到這件事，接著就會找到力量。
>
> ——羅馬皇帝馬可·奧理略，《沉思錄》（*Meditations*）

■

　　我們日日夜夜、分分秒秒都在面對各種問題：你最大的客戶威脅說如果你不降價，他就要離開；你的明星員工說如果你不配股給她，她就要離開；一場全球性的傳染病讓市場一個月內跌了 40%；有一家更大的競業正在霸凌你，企圖讓你關門大吉；你的小孩在學校打架。總是有層出不窮的問題在發生。

　　你會一直聽到大家談論成功的關鍵，這可能是那些業餘的 Podcaster 最常提出的問題。你還會聽到一些答案，從「跟對的人結婚」到「專注在健康上」，還有「努力工作」、「擁有信仰」，以及一大堆其他東西。

　　你將會經歷某些時刻，讓你有世界末日即將到來的感覺。外行人會恐慌，但行家不會。行家在做任何事之前，一

定會先「處理」發生的狀況，他必須保持平常心來處理。這也就是爲什麼對於痛苦，能夠泰然處之是很重要且極具挑戰性的事，以及爲什麼馬可‧奧理略與賽內加（Seneca）是禁得起時間考驗的智者。情緒會讓我們無法表現出最好的那一面，並且讓判斷力變遲鈍。很不幸地，我親身體驗過這個教訓太多次了，這也是爲什麼，對於各種層級的人們，我都會回答成功的關鍵就是「知道怎麼處理問題」。人生總是不斷發生各式各樣的事情，而你會怎麼回應，則取決於你是怎麼處理問題的。

大部分創業家都不會因爲有缺陷的商業模式或是哪個投資人撤資而失敗，他們會失敗，是因爲他們拒絕拋棄關於工作和生活那些先入爲主的概念。當問題發生時，他們拒絕去解決任何問題（並從中學習）。

有些人會說常識與判斷是無法教的，但我可以告訴你，這些是可以教、也可以學習的，因爲當你成爲一個有策略的思想家之後，做重大決策就會變得彷彿是信手捻來的習慣一樣。不久之前，我還是個情緒緊繃、脾氣很差的執行長。2013 年，有一次我恐慌症發作，直接讓我進了醫院，而且在接下來的 18 個月中，恐慌症天天都會發作。發作的主要原因，是因爲無法做決定！讓我深夜遲遲無法入睡、心跳加快的，並非工作的負荷量，這個我應付得來；原因是我一直在想那些問題，停都停不下來。我會在腦中一次又一次重播每個決定和每段對話，這不停啃噬著我的生命，同時傷害了我

的事業和個人生活。

　　我的心靈無法獲得平靜，是因爲我太擔心自己會做出錯誤的決策。每天工作 18 個小時，但還是有種自己在浪費時間的感覺。就像大部分的人一樣，在事業早期，我追求的是確定性，也認爲每個問題非黑即白，彷彿每個問題只有一個正確解答似的──而且，要是可以搞清楚答案是什麼就好了。這既沒有生產力，又使人精疲力竭。

　　如果我能學會怎麼處理問題，你一定也可以。我會告訴你該如何冷靜又有效地解決問題，無論風險多大或多小。開設一家公司需要屠殺很多條龍，問題的發生是無可避免的；你最好讓自己鎮定下來、好好解決這些問題。要做到如此，你必須一直去處理議題。

1. 處理是一項能力，讓你根據手邊能夠取得的資訊，做出有效且對自己最有利的決定。
2. 處理指的是，在腦中縝密分析你所面對的每一次困難抉擇、問題或是機會。
3. 處理就是把策略演練一遍，看看有什麼隱藏的後果，並按照順序安排一系列的行動，進而一勞永逸地解決問題。

有效處理問題的最重要特徵：負起責任

　　擅長處理問題的人會用「我」這個字，不管是什麼問

題，都會去檢視自己在其中的角色。他們會去問這類問題：「這個情形有哪些部分是我造成的？我做了什麼事才造成這個問題？我可以如何改進，好讓自己具備更優秀的能力，未來可以應對類似的狀況？」

問題處理能力很糟糕的人，會站在受害者的角色，並且怪罪他人與外在的事件，而不是去檢視他們做了什麼才導致這個問題。一個人在處理問題時，如果他沒說出「我」這個字，你馬上就可以知道他的問題處理能力很糟糕。你會聽到他說這種話：「千禧世代的人都很懶惰，這些小孩一點都不敬業。都是他們，害我的公司也很不好過。」

問題處理專家級的人會用「我」來取代「他們」（或是「你」、「你們」、「他」）。在處理同樣的問題時，專家會說：「我在管理千禧世代的人這方面做得很不好，我必須找出盲點在哪裡，我需要學習該如何更理解他們，這樣才能知道什麼東西會激發他們的動力。不然的話，我就需要僱用不同族群的人。無論如何，解決這個問題的人必須是我。」

平庸的人和傑出的人之間的差別，就在於處理問題時的深度。大部分的人都只處理到表面，但是那些強者中的強者會更加深入；行家和外行人的差別，就在於考慮的是長期還是短期。只處理表面問題的人，僅是在找尋快速的解法，他們只想到下一步行動，目標只是先讓眼前的問題消失就好。處理深度問題的人，則是往下尋找原因，他們已經設想到後面好幾步了，並且計畫著一系列循序漸進的行動，好確保不

會重蹈覆轍。

看清楚大家是怎麼處理問題的，這很重要。怪罪他人然後逃避，是最常見的一種回應，也可能是你最初的反應，這我理解。我們都僅只是普通的人類而已。請參考以下三點，看看你做的選擇屬於哪一種。

處理問題的 3 種方法

1. 將錯歸咎於某個人身上。比起解決問題，把問題外部化簡單多了。如果你找不到某個人來責怪，那就寫信給電子郵件通訊錄的每一個聯絡人、叫他們下地獄，再附上整排比中指的表情符號。

2. 逃到一個安全的地方，或是找到分散注意力的事情。查看 Instagram、看看新聞和體育頻道、逛一下八卦網站。努力清空你的收件匣，假裝自己可以一心多用。還有更好的：今天就到此為止，回家躲回溫暖的床上。

3. 找到一個方法，負起責任來處理問題，深吸一口氣，提醒自己：這就是區分出勝負的關鍵時刻。

厲害的人都很清楚自己的職責所在

「我的錯。」這就是厲害的人常常會用的、簡單的三個字。贏家也會用這類的話語：「這次是我的錯」以及「我們不能怪別人，只能怪自己」。

受害者會做些什麼呢？怪罪軟體、怪罪市場、怪罪他們的隊友、怪罪他們的顧客、怪罪他們的經理。他們會指著其他人，就是不指自己。因此，他們會一直犯同樣的錯誤，並且一直失敗。

我敢打賭，你認識一些這樣的人，就是那些會一直跟你說「是別人的錯」的人。他們會說的，不外乎就是受害者的故事，還有無止境的抱怨。他們會責怪他人分散自己的注意力，卻沒發現在他們所有的人際互動中，自己就是那個常態性因素。身為作家暨人際關係教練的馬克·曼森（Mark Manson）說道：「我總是告訴男士們，如果跟你約會的每個女生情緒都反覆無常又很瘋狂，這是反映了你自己的情緒成熟度、反映了你的自信或沒自信、反映了你很渴望別人對你的關心。」

拿受害者跟贏家兩相比較，很容易就可以發現贏家是哪些人：那些會去承認問題是在自己身上的人。小孩常會說：「這壞掉了。」成熟且負責任的成年人會說：「是我弄壞的。」

喬·羅根（Joe Rogan）就是一個完美的例子，示範了負起應負責任的領袖是怎麼樣的。羅根在單口喜劇、演戲、武術、評論終極格鬥冠軍賽（UFC），以及他本人的 Podcast 中都大獲成功。在我看來，他成功的關鍵就在於處理問題與承擔責任的能力。他不會對自己的想法和意見有所保留，而是會直接講述他的思維是怎麼運作的，如此一來，也讓我們可以窺見他是怎麼處理問題的。

在其中一次的 Podcast 節目中，他抒發了他是如何和一

個傢伙搭擋，而這個搭擋用他的平台來賣咖啡，但用的是羅根無法接受的方式。你可以在他的聲音裡聽出挫折感，然而，羅根並沒有責怪那個人，而是負起了責任；他沒有把自己說成是受害者，他很清楚在整起事件中自己的職責所在。他的原話是這樣的：「我就是他＊的失敗了，我們遇到一個問題，這個問題是我們允許它發生的。」

他完全有權利生氣，大部分的人可能都會聚焦在那個人做了什麼，但他沒有說自己被出賣了（也就是說他是被人利用的受害者），而是承認他失敗的事實（以及作為共犯，他也一同製造了這個問題）。當你去處理問題並承擔責任，就會停止怪罪其他人。當然，一開始羅根聽起來很憤怒，但當他開始處理問題的時候，他說道：「我感覺很差，因為我很喜歡那個傢伙……我甚至不認為他是故意的。」換句話說，他很快就意識到，他之所以覺得挫折，追根究柢的原因在於自己的行動上。

那些在問題處理方面有著數十年經驗的專家都明白，除非自己允許，否則沒有人能夠對他做些什麼。與其感到憤怒不滿，成功的人會把逆境當成槓桿來借力使力，以求變得更好。在這個案例中，羅根把自己的挫折感重新導向，變成一個教訓，避免自己再犯同樣的錯。當大部分的人在社群媒體上大力抨擊其他人，或是威脅說要提出告訴的時候，羅根卻是教育了自己。他說：「過去三週以來，我讀過的咖啡相關資料，比我原本想讀的、或是原本需要讀的，都還他＊的多了許多。」

有人讓你火大時，處理問題的步驟

1. 對於發生的事情，負起你角色該負的責任。
2. 具體陳述你做了什麼，導致問題發生。
3. 把你的挫折感疏導到改進與預防未來的問題上。

這就是實際上能讓你獲勝的處理方法。這套有效的方法是——養成解決問題的習慣，並且將問題視爲學習和成長的機會。這並非與生俱來的能力，也不是一蹴可幾的，但是，絕對是學得會的。

這套方法也可以傳授給其他人，如果你在管理人才，你需要的不只是替自己處理問題，還需要把這個技巧傳授給你的主管和員工。最好的方式是透過例子，當你能夠處理深層問題，就會成爲一個範例，可以示範該怎麼解決問題，這對於企業的擴張而言至關重要。

我要強調，務必要精通處理問題的技巧，這是最重要的一項技能，因爲這是你接下來的人生中，每天都會發生好幾次的事。首先，變成一個主動承擔責任的人，而非責怪他人的人，接下來，所有的事情都會開始出現變化。你會從一個被害者，變成一個創造自身現實的人。

如何處理危機

我非常同意必須負起責任，並承認自身角色的職責。表

現得像是個受害者，完全不是專業人士會做的行動，甚至完全是背道而馳的。與此同時，我們必須承認事情的發展有時的確會超出你的控制範圍。正如同 2020 年初爆發的全球性傳染病讓我們學到的，你會需要處理一些來自外部的影響，而且你完全沒有選擇。

有很多事都不是你的錯，會有超出你控制範圍的、不好的事件發生。

10 種類型的危機

1. 健康危機
2. 科技／網路危機
3. 組織性危機
4. 暴力問題
5. 前員工的報復
6. 人格誹謗
7. 財務危機（個人危機或是市場修正 [6]）
8. 黑天鵝事件 [7]
9. 個人問題
10. 自然問題

每個危機的生命週期各不相同，有些會持續幾個小時，有些則是一季、甚至是一年。就像股市無法改變不確定性一樣，企業也不能。未知會產生恐懼。

當危機真的發生時，領導人就得承擔 10 倍的責任。在不確定性提高的時候，太多領導者都會犯一個錯，就是沉默以對。在缺乏計畫的狀況下，他們會覺得什麼都不說，比說錯話要來得更好。在危機中沉默不語是一個例子，示範了選擇簡單的方法而非有效的方法，會是何種狀況。

事實上，頻繁且有品質的溝通，在危機當中會變得更為重要。當每個人都很激動不安的時候，領導人義不容辭，必須在風雨中保持鎮靜。決斷性、復原力以及冷靜，在這個時候更具關鍵性。你回應的方式，可能會讓危機持續的時間縮短或變長。我將每種危機分成 1 到 10 分來表達。

會延長或縮短危機的生命週期的要素

1. 你的策略。
2. 你沉著的程度。
3. 若你過度誇大危機：3 分的危機會變成 9 分。
4. 若你對危機輕描淡寫：9 分的危機會變成 3 分。
5. 你看見接下來五步行動的能力。

沒有必要因為一場意外或是全球性傳染病的發生而感到自責，危機不是你造成的；決定企業存亡的，會是你對於危機的反應。

6　譯注：指的是市場衰退介於 10 ～ 20% 之間。
7　編注：black swan，意指理論上極不可能發生，實際上卻又發生的事件。

擁抱數學，使用投資時間報酬率來計算

假如你認為我過度強調接受責任的必要性，對於你的指控，我都認罪。問題處理有一大部分都是在於觀點的選擇，你不能去怪罪外在環境，而是得轉念，將自己視為問題的創造者和解決者。這幾乎算不上是一種「軟技能」，但我要非常強調這項技巧的重要性。我也要不斷強調另一件事：有辦法用專業方法處理問題的人，會同時擁有情緒的工具和分析的工具。我們現在要讓分析的細胞動起來。

大部分的問題都跟時間和金錢有關。如果在我們處理問題的過程中，不考慮到這兩個因素的話，就會做出糟糕的決定。外行人會先做出反應，之後再思考。他們做的決定是情緒化的，之後再用邏輯來合理化：「噢，現在這種沒有把握的時候，我不要花錢在新僱員身上。」他們也可能會說：「新軟體好酷！我們明天一定要弄到。」

你在這些說法裡聽到的是情緒，一個堅毅且沉穩的人會建議你要採取更慎重的方法。軟體可能很酷，但是你計算過要花多久時間才能讓這筆投資回本嗎？你有花時間去釐清僱用新人的成本嗎？（而且薪水和福利只是算式的一個部分而已。）這個新人預期會創造多少營收，你算過了嗎？

在你好好分析並且思考接下來幾步之前，是無法做出決定的。ITR（投資時間報酬率）的概念，我已經跟我的團隊說過好幾百萬次了，他們可能已經覺得很煩，不想再聽到我

說這件事，但他們知道這有多重要。ITR 的方程式是這樣的：

I	投資（Investment）	要花多少錢，或是會省多少錢？
T	時間（Time）	要花多少時間，或是會省多少時間？
R	報酬（Return）	關於這個決定，計算出金錢和時間上的報酬是多少。

　　在做出決定之前，首先要使用「三的法則」，在處理問題時要製作三份不同的提案，每個提案上都有各自的價格標示。當大家不知道我是怎麼想的時候，就會拿一個點子過來跟我說：「這會花掉這些錢。」當他們這麼做的時候，我會向他們索取另外兩份提案。有三份不同的提案／預估成本，會幫助我將錢花在刀口上。擁有三個提案會讓你有所選擇，可以把價值最大化。不要認為你只有一種選擇，如果這麼想的話，你的錢就沒辦法花在刀口上，而是會多花錢。

　　接下來，要搞清楚你的時間框架。例如，假設你花費100,000 美元，可以在 6 個月內完成一件事情，但要是你花費200,000 美元，就可以在 3 個月內完成。接下來你要問問自己：花雙倍的錢，用一半的時間完成一個專案是值得的嗎？

　　要做出這個決定，取決於你的現金流量與專案的急迫程度。如果是像心臟病發作那般緊急，你最好多花點錢；如果你必須去借錢，那你最好把資本的成本放進你的算式裡。

在計算過成本和時間之後，就要釐清報酬會有多少。假設一個專案要花 200,000 美元與 1 年的時間來做，完成後可以讓你在失去客戶的風險上降低 8％，而你目前每年會開出 30,000 份保單。30,000 份保單乘以 8％等於 2,400 份合約，如果每份合約價值 200 美元，總報酬就是 480,000 美元。

保單	客戶保留率	合約價值		省下的錢
30,000	8%	200 美元	=	480,000 美元

你不必成為數學天才，也能搞清楚這份投資是否值得，但你需要在數字方面往下挖得更深入一點。一一列出這項決定的盲點或是可能會出錯的地方；要設想哪些事情是很容易做到的，但是看到事情的反面也相當重要。你可以去看看戴爾‧卡內基（Dale Carnegie）所著的《卡內基快樂學：如何停止憂慮重新生活》（*How to Stop Worrying and Start Living*）中，最糟的狀況會是什麼。在這個情境裡，最糟的狀況是損失 200,000 美元，這是你可以承受的嗎？這會讓你的生意關門大吉嗎？你的決定應該要考慮到全部的風險，而不是隨興而為，也不能只看正面的可能性。

大家常常會用最佳情況下的數字來進行計算，並以此合理化自己的選擇。但是，關於你所做出的假設，一定要符合實際情況。即便這筆投資只會救下 4％的保單（0.04×

30,000×200），你還是可以看到營收會有 240,000 美元的成長。如果你必須去借 12%的資金，替這個專案周轉（這會讓實際開支提高到 224,000 美元），依然是一筆值得做的投資。在投入任何專案之前，先計算清楚損益兩平點在哪，會是個好主意。

保單	客戶保留率	合約價值		省下的錢
30,000	4%	200 美元	=	240,000 美元

這裡沒有很高深的數學，並不需要用到高等微積分，你只需要思考一下 ITR 公式，再做出周延的預估就行了。但這表示，面對數字你不能犯懶，並且需要考慮到幾種不同的結果，而你也應該時時用這種方式思考。ITR 是一項關鍵的技巧，你會反覆使用到這項技巧。

善於處理問題的人幾乎不會重蹈覆轍

多年前，我有過一次機會可以投資服飾品牌，我很喜歡時尚，同時對於那家公司的產品與老闆（名叫瑞）的人格特質都相當讚賞。再加上瑞願意僅用 100,000 美元賣出 60%的公司持股，這個時候我看到了機會。

當時，我的公司如日中天，我有足夠的現金可以買下那

家公司大部分的股權，為此，我還相當肯定自己，對自己說幹得不錯。瑞是如此真摯又才華洋溢的傢伙，我幹嘛還去做麻煩的功課呢？

在這筆交易結束之後，我立刻變得人氣很旺，電話響個不停。瑞的債權人一聽到風聲，知道瑞有個口袋很深的投資人之後，就排隊要把自己的錢拿回來。我對此做出了反擊，我當時很固執，而後果是我浪費了太多時間（原本可以把時間花在真正屬於我的公司上）來對抗那些人。我認為是債權人的錯、是瑞的錯，只要名字不叫派崔克的人就有錯。我不停地替自己把洞越挖越深。

有一句深具智慧的說法非常有道理：當你自己身在洞裡的時候，就別再往下挖了。問題是，當你身在洞中的時候，常常太過於憤怒與情緒化，只能背水一戰、奮力求生。有時候，身邊要有一些聰明人，他們不怕把你從洞中拉出來，這一點是很重要的。好險，在我的核心團隊的敦促之下，我終於心不甘情不願地投降，承認損失，並回到我主要的事業中繼續打拚。

比起損失的錢，更令我不高興的是我做決策的過程。我有一些絕對無法妥協的原則，但我卻跟這些原則背道而馳——在一個我一無所知的產業裡進行投資、忽視了一位有魅力的創辦人的個人問題、試著把事情概括化而非專精化，結果讓我有所損失。我的直覺告訴我，從一開始就不該參與這件事，但我只想到接下來那一步要怎麼走，卻未考慮到之後的事情。

我所做的只是在處理表面的問題，而我也為此付出了代價。

等我終於負起責任的時候，才了解到自己在這個失敗的結局中扮演了什麼樣的角色。我反省了自己犯下的所有錯誤。我並未好好做功課，也未展現應有的勤勉和謹慎。我投資了在我能力範圍以外的產業，我既狂妄又貪婪，並未好好將一則簡單的智慧之語銘記在心：如果事情看起來美好到很不真實的程度，那很可能確實不是真的。

當我承認自己的錯誤之後，身旁只剩下一個裝著滿滿衣服的衣櫃，提醒我一項價值 100,000 美元的錯誤，這還不包括我在上面浪費的時間。如果你已經贏不了了，那至少要學習其中的教訓。再說一次，你要嘛是用這些經驗讓自己變得更憤恨不平，或者是讓自己變得更好。如果要變得更好，你一定要反省自己的錯誤。我想到馬格努斯·卡爾森在輸掉一盤棋之後，會去分析自己所做的每個決定，釐清到底是在哪裡出了錯，以及是怎麼出錯的。每一位大師，不管是西洋棋大師還是商業上的大師，從失敗的行動中學到的，都比從那些勝利的行動中學到的更多。

擅長處理問題的人的 8 項特質

那些我所認識在處理問題方面具有專家級能力的人們，每個人的個性都非常不同，其商業策略也各有不同，但是他們都有下列 8 項特質：

1. 他們會問很多問題。擁有更多的資料和數據會讓他們做出更好的假設。這件事情是怎麼造成的？我們可以怎麼解決？我們可以如何預防同樣的問題再度發生？

2. 他們不在乎對錯，只對事實感興趣。精通問題處理的人，會想要好好處理一個狀況，接著就放下它，繼續向前走。如果有人有更好的想法，那就太棒了。自尊並不會阻擋他們、讓他們無法做出正確決策。

3. 他們不會找藉口。將時間和精力浪費在事情出錯的理由上，不是他們的行事風格。

4. 他們喜歡被人挑戰。他們的第一優先事項，是快速有效地處理狀況，如果其他人有解決的方法（即便是跟自己的方法不同），他們也會想要聽聽看。他們喜愛那些刺激他們去思考是否有其他方案的人，或是讓他們需要出言捍衛自己立場的人。

5. 他們很好奇。沒有知識，是解決不了問題的。擅長處理問題的人總是試圖更加了解他們的事業，以及其運作方式。他們不只喜愛那些格局很大的想法，也很愛那些關鍵的細節。

6. 比起解決問題，他們更會預防問題的發生。擅長處理問題的人，同時也很擅長在情況惡化到難以挽回之前，就找出小小的問題點。

7. 他們是很厲害的談判家。那些好奇的、問題的解決者會運用邏輯，找出讓所有相關的人共贏的方法。

8. 比起暫時貼上一個 OK 繃，他們對於一勞永逸地解決問題更有興趣。

處理問題的專家會期待面對問題，將問題視為一場遊戲

很擅長處理問題的人會成為領袖，這並非巧合。當他們按照邏輯、有效率地處理問題，並且符合人們的需求，進而擁有輝煌戰績的時候，就會贏得其合作對象的信任。

處理問題的專家不會畏懼問題。他們歡迎問題，並將問題視為一種遊戲。如果公司裡最頂尖的業務威脅說他要離開，你的第一步是要負起責任，接下來，你會承認公司的薪酬結構爛透了，沒有留住人才的必要策略。不僅如此，你們的業務訓練也不是最好的，你必須找到方法來改進。你不會覺得恐慌，而是會欣然擁抱這個狀況，你會跟自己說：「我們不只要搞清楚該怎麼挽留他，更應該發展出一套策略，在公司裡建立忠誠度最高的業務人力。」這不代表你應該執著於發現一項弱點，而是應該要訴諸處理的過程，並計畫接下來的行動。

你的心態決定一切。當你開始將危機視為機會，那你在這場遊戲裡就準備要贏了。

在事業發展的過程中，我曾經指導過一些優秀的年輕創業家，而且我有一項特權，就是可以觀察到他們變得非常擅長處理問題。我曾經見證過，這組技巧讓他們可以不斷地

「危機」跟「機會」裡，
都有同樣的「機」字。

在同儕中異軍突起。這也是爲什麼我把處理問題列爲一位充滿抱負的創業家必備的首要技能，我也是這樣教導自己的孩子。

每個月要跟你的領導團隊（或是三五個你信任的、心胸寬大的同儕）開一次會，花一小時的時間去討論接下來要解決的重大問題。我在這些會議中做的事情就是提出主題，讓團隊針對主題進行協作型的辯論。辯論得越激烈，我們就越靠近最佳決策。你要傾聽，而不是爭論，並且要保持好奇心。

這就是創業成功的關鍵。讓處理問題的最佳實務化，成爲公司文化的一部分，這項能力將會慢慢滲入大家的腦袋中，他們會對這項能力越來越駕輕就熟。這當然會改變他們的行事基礎，但同時也會產生出更好的領袖、更好的人類。世界上所有的問題，都是一個個待處理的議題，即便你身處

的位置無法解決世界上的飢餓問題，但你可以解決你生活和工作範圍內的問題。

我們大部分的人並非自然而然就有處理問題的能力，這跟婚姻很像。想想看你認識的夫妻，那些有著更深層的問題卻不願意指出問題的夫婦。他們對於特定主題會避而不談──性生活的問題、對方家人的問題、宗教的問題──直到他們的婚姻告吹。他們或許會有辦法在一起一段時間，通常是為了小孩，但他們並不快樂。他們可能住在一起，心理上卻是分開的，而隨著他們年齡漸長，等到忍無可忍的時候，就會離婚。他們浪費了許多年在生氣的情緒上，因為他們從未指出問題所在。

如果你拒絕去處理問題，那你就是活在一個謊言裡，最終是要付出代價的。不要浪費時間了，不管是個人生活的時間還是專業上的時間都一樣。

假如你學會面對現實，根據自己的指南針做出決定，那你就能在商業上成功。你在網路上看到那些被大肆炒作的內容，可能會讓你認定有些人天生就是內建一些「小故障」，也就是說，這種人天生比較喜歡風險，而這會帶他們一路走向成功。但事情的真相其實很簡單：在人的一生當中，事業上的成功（無論是作為一位創業家或內部企業家，或是任何其他事業上的選擇），都需要有特定的心態，以及積極進取、堅毅不屈的方法，以便用來解決問題。最佳的策略就是砥礪自己處理問題的能力。

▌▌➡ 第 5 章

如何解出 X 的值：
做出有效決策的方法

再過 40 個小時，我應該會在戰場上，幾乎沒有任何資訊，而且必須在轉瞬之間做出最重大的決定，但是我相信，當一個人的責任越重，意志也會越堅定，在上帝的幫助之下，我將會做出這些決定，並且是正確的決定。我這輩子似乎都在等待此一時刻的來臨，等我完成這份任務，我想我會被帶往命運階梯的下一步；如果我盡了本分和義務，那麼剩下的事情都將會自行解決。

——喬治·巴頓將軍（General George S. Patton）

■

我最後想要再用一個章節，來延伸問題處理這個非常重要的主題，並提供你一套具體的方法，用來解決問題與做出決策。

在我看來，通往成功的其中一個關鍵，就是擁有一套有系統的方法。擁有較佳決策系統的人會贏得勝利。有些事情

可以很快就做出決定，而有些則是要花些時間。面對任何問題，你都必須擁有一套具體方法來做出攻擊，就像是西洋棋大師知道每場開局要怎麼下，或是比賽開始時該怎麼防守。

曾經，我需要發展出一套我可以信任的體系，並幫助我釐清究竟要解決什麼，好讓我看到所有可能的選項。我需要的，是發展出一套有組織性的思考方式，讓我可以做出選擇、使我在那個當下以及長期來說，都可以有最大的機會取得成功。我最終發展出的那套系統，並沒有辦法每次百分之百都讓我得出完美的選擇，但因爲我處理、解析問題的方法相當全面，所以我感到很完整。最終，讓我找回內心的平靜並終結恐慌症的，是一套方法。那是我人生中第一次有辦法踏踏實實解決並放下問題，而不會感覺到恐懼和懊悔在我的血管中翻湧。

解決問題的能力，指的就是拆解你所面對的複雜問題，將之變成一組循序漸進的公式，而這個公式可以幫助辨識出導致問題發生的根源是什麼。數學如此，商業亦如是。這就是爲什麼大家常常會聽到我用這種說法：「解出 X 的值」。

把 X 想成是一個未知的變數，在數學裡，等你搞清楚 X 的值，也就等於把題目解開了。在你的事業與人生中，如果你找出 X 的值，同樣也是把問題給解決了。雖然 X 是個未知數，但並非是無法求得的未知數，你的工作就是搞清楚你到底要解決什麼東西。

你可以將生活視爲一連串待解的數學題，你在生活中所

做的很多決定，都是基於你記在腦海裡的一連串公式，煮義大利麵的方法是一個公式；平日上班最快抵達辦公室的方法是一個公式；如何增加收入也是一個公式。

對於目前生活中不同領域的結果，如果你覺得不滿足、不快樂，那麼最有可能是因為你需要針對某些你已用了一陣子的公式進行調整。你今天之所以在這裡，是因為你的思考方式帶你到這裡。為了要讓事情有所變化，你的思考方式也需要改變，而這可能是到目前為止，你要做的事情當中最困難的。要承認自己有許多決定都是奠基在一組壞掉的公式上，這並非易事。

你需要做好準備面對 X，也就是在經營一家公司時會出現的所有未知狀況。

解出 X 的值，找到問題根源

最近有個名叫查理的同事跟我說：「我已經不知道自己是不是還熱愛『這些』了。」

「『這些』是什麼？」我問他。

他看起來很困惑。

「你說你不知道自己是否還熱愛『這些』，『這些』是什麼？」

查理說他指的是金融服務業。

「嗯，即便我們都在同一個領域裡，但是對我而言，所

謂的『這些』跟你的不一樣。想想看，如果你是在不動產公司任職，你會熱愛磚頭嗎？如果你是在藥廠，你會熱愛藥丸嗎？你要重新定義，對你來說『這些』指的是什麼。對我來說，『這些』指的是人，我對人非常有興趣，我對人感到好奇。我每天的工作都在研究人、了解他們的偏好和傾向，接著做出行動，讓他們展現出自己最好的一面。」

「哦，我從來沒用這種方式去想過。」

我們的談話讓他有了動力，使他用不同的方式去思考。他處理了所謂的「這些」究竟是哪些——也就是他需要解出來的那個 X，並且試著找到挫折感的來源。

把 X 的值解出來，意思就是把問題獨立出來。一口咬定你的老闆就是問題所在，這樣是不夠的，你需要再往下鑽研，確認所缺乏的是自主性、按照績效給薪的薪酬結構，又或者是智識上的挑戰。你無法解決「你的老闆」，但你可以解決一個具體獨立的問題。

查理必須搞清楚他不滿意的源頭究竟是什麼。如果他感到心力交瘁，那可能會需要休息一下、充個電；而他的狀況是，他的體重增加了，這讓他感到心力交瘁。他意識到自己需要早點起床，重拾運動的習慣，而這就是第一步。

接著他還得進行更深入的處理。他的自尊心低下，是因為他的銷售成績正在大幅下滑。因此，每一次銷售被拒都讓他更加受傷。他在一個惡性循環裡，而且是逆勢而行。在經歷更多反思之後，他意識到他並不討厭金融服務的銷售。他

討厭的是那種老是心力交瘁的感覺，以及在銷售金融服務方面的工作表現不佳。當查理有成就感、做出成績的時候，就可以發展得很好。

進行深度處理，指的是進入到問題表層之下更深層的部分。你當然會有那種對於自己的動機感到搖擺不定的日子，當然有些時候，你會覺得自己被燃燒殆盡；而你要做的是去深入探測，並指出那個造成你痛苦的 X 是什麼。

查理決定採取更進一步的行動。他提醒自己是為了什麼才選擇成為一位創業家的，他想到他的前老闆把一個高階職位給了自己那個沒什麼資格的兒子，而不是他這個替公司流血賣命了整整 5 年的傢伙；查理回想起自己對這件事有什麼感覺。他想了想自己曾經多討厭那份工作，並且把一切激發他的動力、讓他投身於現在這種瘋狂生活的事情都具象化。

解開 X 的值之後，他才得以對自己的工作下定決心，而他的前景與收入也隨之改善。

如何解出 X 的值

當我們缺乏方法時，就很容易在原地打轉，因為恐懼而動彈不得。當我們有一套實際方法時，就可以有系統地處理問題。一套完整方法會讓你在處理任何問題時，都可以井井有條地解決。

派崔克・貝大衛的決策流程

問題：＿＿＿＿＿＿＿＿＿＿＿＿

調查	解決	執行
迫切性 0-10 分	需要誰？	需要誰的支持？
整體影響 ① 潛在收益 ② 潛在損失	解決方法清單	責任指派
問題的真實原因 Why? Why? Why?	潛在的負面結果	新的規程

當公司命懸一線時，要怎麼處理問題

正當我以為自己的夢想已經實現的時候，我面對過的問題中最關鍵的那個就出現了。我當時年僅 30 歲，終於往前跨了一大步，成立自己的保險經紀公司。然而，在我們成立還不到 5 週的時候，全球保險集團（Aegon）向我提出了告訴（那是一頭價值 4,000 億美元的產業巨獸）。他們只有一個簡單的目標：在我開始起步前，就先讓我關門大吉。

全球保險集團的領導人和律師，並不在乎我有多努力存錢來開設我的公司，也不在乎我當時剛新婚，當然也不會在乎我說服了 66 位忠心耿耿的保險經紀人放棄了知名公司的職位、加入我這個瘋狂夢想家的行列。對於全球保險集團而言，向我提出告訴，就只是在商言商罷了（去年，那個曾經告過我的執行長加入我的諮議會，當然也只是在商言商）。我並不覺得人家是在針對我，即便我這輩子所有存款都岌岌可危。

這場訴訟是我所面對過最大的一場試煉，大部分創業家遇到事情出意外的時候，他們的反應會是去怪罪別人、抱怨、發火，然後因為種種的質疑在原地打轉，但我不是。我決定不再跟那些超出我控制範圍的事情纏鬥下去了。

以前，我可能會讓自己被自尊、情緒以及恐懼擊敗，然後去打這場官司，即便這麼做意味著失去公司以及讓我家破產，也在所不惜。這麼做的話，感覺的確會很好（大概可以持續個 3 分鐘吧），但我並未這麼做，而是一步步透過我那

套方法處理了問題。

　　我當時需要做的是，釐清哪些是我可以控制、哪些是我不能控制的，於是我列出兩份清單，如下列所示：

我可以控制的
- 籌劃自己接下來的行動
- 我日復一日的努力
- 如何選擇律師與其他資源
- 讓我們公司的銷售人力與領導團隊專注於下一次的屠龍任務上

我無法控制的
- 全球保險集團決定向我提出告訴的原因
- 這場訴訟是否會讓我關門大吉
- 其他承保人是否會跟我們解約

　　我並沒有恐慌或是立即做出反應，而是精心擬定了一個策略來度過難關，並且實現我的長期目標。我決定跟對方和解，我簽了一張面額很大的支票，然後就此放下這件事情。即便這筆開銷讓我們蒙受極大的損失，但因為我事先想好了接下來五步的行動，所以我們才能繼續經營下去。對全球保險集團展開復仇或是贏得訴訟，這些都不重要；我做了一個決定，讓我們可以從中解放，把專注力放在壯大我們具有執

派崔克・貝大衛的決策流程

問題： 與全球保險集團的訴訟

調查	解決	執行
迫切性 **0-10 分** **10**	**需要誰？** 律師、 銀行家、 危機管理團隊	**需要誰的支持？** 業務領導人、 一位願意保持耐心的承保人
整體影響 ① 潛在收益 ② 潛在損失 失去 所有存款	**解決方法清單** 1. 和解 2. 告回去 3. 打贏這場官司	**責任指派** 律師，越快達成和解越好
問題的真實原因 Why? 全球保險集團欲消滅一位競爭對手 Why? Why?	**潛在的負面結果** 承保人跟我們解約、公司倒閉	**新的規程** 僱用法規事務主管，以避免未來的官司。 僱用兩家新的法律事務所，他們必須是： 1. 保險方面的專家 2. 銷售型組織相關法規的專家

照的業務人力，並用心維持這股衝勁和氣勢。

我開出了那張面額極大的支票之後，發生了一件奇怪的事：我終於有辦法再次好好入睡了。在承擔了一筆重大損失之後，獲得內心的平靜並不是件常見的事，但因爲我已經徹底把問題處理好了，也思考過自己接下來要做出哪些行動，因此我可以放下這次的磨難，並且相信自己已經全面分析過情況，做出了正確的決定。

找出真正的問題以及最深層的原因

最厲害的創業家會看到藏在表面症狀之下的核心問題。要做到這點，就要瞄準這套方法中的關鍵：辨識真正的問題在哪，以及最深層的原因是什麼。如此一來，你才能更得心應手地解出 X 的值。

X 並非總是顯而易見的。事實上，真正的問題可能會藏在許多的情緒和具有偏誤的意見底下，這也就是爲什麼你必須克服腦海中那些雜亂的念頭。哪些是真正的問題、哪些不是？你是不是因爲某個人的意見或是自己錯誤的假設，才把注意力集中在某些事情上？你是否因爲自尊受傷，而過度膨脹了某些事情的重要性？你把情緒和邏輯分開了嗎？

等你刪除那些「不是問題」的問題之後，就把你的注意力放到原因上。你的終極目標是辨識出那些「燃眉之急」的問題，以及「金色大門」在哪裡。

燃眉之急：那些需要立刻處理的緊急問題。

金色大門：那些前景一片光明、你需要快速搶進的大好機會。

等你辨識出真正的問題，就開始問「為什麼」，直到你再也問不出「為什麼」為止，或者是你實在逼不得已，只能再複述一遍你已經找到的原因，而那就是你最深層的原因，以及導致問題的真正源頭。例如：

- 我們失去了最頂級的顧客。為什麼？
- 有一個競品比我們的便宜。為什麼？
- 因為他們的功能比較少。為什麼？
- 因為大部分的顧客都不需要我們產品裡的所有功能。
- 啊哈！找到原因了！

關於無法達到銷售目標，現在你已經找出其中一個主要的原因：因為產品不符合顧客的需求。解決這個問題之後，接下來就會變得相對簡單：提供另一個版本的產品，功能比較少，但是沒那麼昂貴。

你要把這套反覆提問的方法用在所有的問題上。假設最頂尖的業務人員離開你們公司，而你自問「為什麼」之後，便發現那位頂尖業務之所以離開，是因為薪酬結構並非針對明星業務員所設計，而是針對那些平庸的業務人員設計的；

之所以會如此，是因為公司的業務主管和財務長並未好好溝通。第一個解決方案，就是在接下來的 10 天內，重新審視薪酬結構計畫；第二個解決方案，是讓業務主管跟財務長每一季都一起進行核對，確保彼此都知道對方的需求。

如果新產品在運送時有所延遲，大部分的人都會歸咎於一個人身上。請記得，真正擅長處理問題的人會去尋找原因，因為原因會帶來解決方法。問了「為什麼」之後，你便發現，之所以會延遲，是因為最厲害的工程師離職了，因為她的經理跟她說，一週在家工作一天是不被允許的（而且經理說不出理由）。解決方法：採納較有彈性的工時安排，以改善留不住員工的問題。

為辨識真正議題，必問的 5 個問題

1. 我知道真正的問題是什麼嗎？還是我只看到表面症狀？
2. 關於真正的問題，這個團隊有相關的數據資料嗎？
3. 這是個真實存在的問題，或者只是一個假設，又或是某個人的意見而已？
4. 這是一個具體實際的問題，或者只是自尊受傷而已？
5. 我的思考是情緒化的，還是有邏輯的？

要進攻還是防守？成為做決定的專家！

身為一名創業家，你會覺得自己彷彿必須面對上百萬種

不同類型的決策，但事實上，只有兩種事件會需要你來做
決定：

1. **進攻**：賺錢的機會，或是讓公司或職涯更上一層的機
   會。這些選擇通常都會圍繞著成長、擴張、行銷以及銷
   售打轉。
2. **防守**：解決問題的機會、停止虧損的機會、不再以某種
   形式倒退的機會。這些選擇常常會跟法律相關，例如合
   規性、面對競爭對手或市場修正的保護措施。

一旦你所面對的問題或機會，可以被歸類為進攻或防守
的類別，馬上就會變得不那麼嚇人了。你在上面貼了標籤，
而不管是進攻型還是防守型的問題或機會，你以前都處理
過。於是，決策過程就從恐怖陌生的事情，變成一件在你能
力範圍內可掌控的事情。

採取進攻姿態的話，就需要尋找賺錢的機會，或者是進
一步成長、擴張、行銷和銷售的機會；採取防守姿態則是跟
解決問題有關，避免金錢上的損失或是走回頭路，像是合
規、法律、金融避險的問題都屬於防守的類別。

數字的計算，與其說是科學，更像是一門藝術

我招募愛麗絲・特樂其（Alice Terlecky）進入公司，

成為我們的營運長,她之前是在大型保險公司太平洋人壽(Pacific Life)服務,做得也相當成功。在她當上營運長之後,我注意到政策的實施花了很多時間,而且多到不尋常。

我感到很挫折,想要知道是怎麼一回事。我與愛麗絲進行會談,請她向我一一說明實施政策時的所有狀況。我問了很多問題,以幫助自己釐清流程:分別有哪些步驟、中間涉及哪些行動、每個行動要花多久時間。這類分析就跟製造業顧問對裝配線所做的分析一樣,目的是要找出瓶頸所在。

接著我問了愛麗絲另一個問題:哪些步驟一定要人工方法,哪些則可以藉由購買或創造某項技術,使其自動運作?

我們談到有哪些功能必須使用人工、哪些則可以用電腦處理。此外,如果我們的承保人有辦法透過軟體處理一個特定的步驟(當時只有一小部分的人採用這種做法),就可以大幅減少整套流程的時間。最後,愛麗絲終於讓我理解為什麼這個過程會慢下來了,她推行了一個新系統,以協助我們改善保單的品質,而這徹底改變了我們所有的債務結構。我聽到品質有所改善,當然是非常高興,但我還是想要縮短處理的時間。

我請愛麗絲幫我安排,打電話給那些沒在使用這套軟體的承保人,並向他們提案、試著說服他們使用這套軟體。我也在下一次的董事會上把這件事提出來討論,並且去詢價,了解如果要再縮減一段內部處理時間的話,需要花多少錢。我們最後得出的結論是,在最好的狀況下,需要用 150,000

美金的年薪僱用 4 名 IT 部門人員，爲期一年，以完成這件事情；當我們再加上其他開支之後，這件事情馬上就變成一個上看百萬的專案。

100 萬美金，這個數字讓人驚訝得眼珠子都要掉出來了，但若是沒有進一步分析的話，這個數字同樣也毫無意義。因此，我們花了一些時間拆解這個數字：

- 每張保單可以節省 5 分鐘的處理時間。
- 每張 5 分鐘，一年 30,000 份保單，就是省下 150,000 分鐘（2,500 小時）。
- 2,500 小時，一小時 20 美金（我們省下的勞動成本），等於 50,000 美元。

ITR 這組公式會越用越有價值（請見第 4 章）。我之所以提出這個情境，是爲了讓你那幾條分析的神經動起來。你面對的每個問題都有一些不同的挑戰，要解決這些挑戰，不只是「算算數學」的問題而已，而是要知道怎麼想通這些問題，並釐清要在公式裡放進哪些數字。只有當你做出正確假設時，ITR 才會有用。

在這個案子裡可以看到，這筆投資若要獲得報酬，得花上 20 年的時間。如果我們就此打住（就像任何一個用外行人的方式來思考的人會做的），數學就會告訴我們，這麼做並不值得。

- 投資：100 萬美元
- 時間：18 個月完成
- 報酬：每年 50,000 美元（根據目前的銷售額）

這些事是發生在 2017 年，當時，我已經對我們接下來 10 年的成長有所預期了。

成為偉大的決策者，與其說是科學，更像是一門藝術。沒錯，擁有方法的確會有幫助，你需要井井有條，也需要懂那些數字，同時你也需要學會怎麼分析數字。解決這個問題所帶來的影響，遠遠不只是能否節省處理保單的勞力成本而已，這麼做還會幫助我們拿到新的生意。從其他角度來看，生產力的增加會改善顧客滿意度，也會改善保險經紀人對於工作的滿意度。但是，在這個分析裡，真正少掉的那個變因是我們的成長率。

當我推導出我們的成長率，數字看起來是像這樣的：

- 第 1 年：30,000 份保單，省下 50,000 美元。
- 第 2 年：60,000 份保單，省下 100,000 美元。
- 第 3 年：120,000 份保單，省下 200,000 美元。
- 第 4 年：180,000 份保單，省下 300,000 美元。
- 第 5 年：240,000 份保單，省下 400,000 美元。

把公司成長率這個變因放進去之後，就可以看到，這筆上看百萬美元的投資要有所回報，其實不用 20 年，只要不到 5 年就行了。這原先看起來是一個不該進行的專案，但是很快就搖身一變成為一項應該執行的專案。

　　從這個案子中，我還學到另一件事：IT 類的專案幾乎都會比你所預期的時間更長、開銷也更大。在推算需要花費的時間和成本時，不能算得太精確，要偏保守一點。最後，這個專案的花費是原先預計的 2 倍，但是原因並不負面，反而滿正面的。在專案過程的各個階段中，我們都不停地往下探索，看看還有哪些程序是我們可以提高處理速度的。每當有一項新的發現，這個案子的花費就會增加，但好消息是，我們的處理速度加快了 3 倍以上，長期下來，省下的錢遠遠超過專案最終花費的成本。

　　事後看來，在我們的處理流程上進行投資，看起來是個相當顯而易見的選擇。但是，稍微倒轉一下，回到先前的時間點去思考潛在盲點的話，就會發現，有鑑於愛麗絲豐富的經驗，我當初其實可以輕易接受她已經盡可能加快這項措施的速度；我也可以假設，如果事情要做得夠全面、夠細緻，就會需要更多時間；我還可以假設，加速這套流程所帶來的報酬，並不值得這筆花費。

　　你理解要怎麼成為一個偉大的決策者了嗎？這既是一門科學，也是一門藝術。擁有一套方法會讓你有一個結構，而 ITR 則給了你一個具體公式，你的推測也會讓你有數字可以

放進公式裡。保持好奇心的意思就是，要一直試著改善並修正自己的推測。你的思維會讓你有能力整合這些東西，並做出正確的決定。我之所以能夠通過那場最大的考驗，這一切的技巧都是絕對必備的，而且需要的甚至還不止這些。

■ ■ ■ ■ ■

決定（decision）一詞的拉丁文字根的意思是「切除、斷開」，當你做了一個決定時，就是跟其他行動流程劃清了界限。這聽起來頗受限制，但其實不然；這是一種解放。再者，如果你不做決定的話，另一種做法就是優柔寡斷，然後不斷在原地踏步。

擁有盲點是人類的天性。懶惰、恐懼以及貪婪，都會讓我們想要接受既有的資訊，而不是往下挖得更深。因此，我們都會錯失那塊關鍵的拼圖，導致做出錯誤的決策，或是無法做出正確的決定。

這套方法與 ITR 公式搭配使用會需要花時間，也需要練習。不要以為你馬上就可以擁有行家級處理問題的能力，或是馬上就能學會怎麼解出 X 的值。聽好了，如果你堅持要百分百的正確，而且總是很怕出錯，那麼你在處理問題上就會有困難。絕對的正確或是絕對的錯誤，是像路障一樣的存在。犯錯沒有關係，當你擁有檢視自身錯誤的意願，就可以避免重蹈覆轍。

你要有耐心。如果你持續努力，試著讓自己處理問題的能力更上一層樓，那麼換來的結果不只會讓一切付出都值得，還會大幅改變你的事業與人生。

→ → → → 第二步：徹底精通推理與判斷的能力

處理問題的非凡能力

要向前走的話，那麼不管發生什麼問題，都要負起百分之百的責任。將自己視為造成問題的人，而且，你的角色是有力量去解決問題的。使用 ITR 公式，讓自己有辦法做出更好的決策，並且能夠充分利用你所擁有的資源。想想看任何可能的錯誤或是弱點，以此為根據，決定你下一步（或是接下來幾步）的行動。

如何解出 X 的值：做出有效決策的方法

與你的領導團隊分享解出 X 的方法，並用這套方法來解決你目前所面對的三個問題。你可以在附錄 C 找到能解出 X 值的工作表單。要確認自己真正找出事情發生的實際原因與理由。

徹底釐清如何
建立適合的團隊

第 6 章

個體企業家的迷思：
如何建立自己的團隊

不管你或是你的策略有多聰明，如果你在這場遊戲單打
獨鬥的話，一定會敗在團隊手上。

——里德・霍夫曼（Reid Hoffman），領英的創辦人

■

不管你是從事哪個行業，「守成」都意謂跟其他人好好
合作，無論他們的身分是客戶、顧客、員工、投資人、合夥
人還是外部的賣家。

當你事先設想接下來五步的行動時，要預防一件事：不
要讓自尊混淆你的判斷，以為所有事都能自己來。不要以為
你過去自己一個人締造了多項成就，未來也同樣可以靠自己
成就更多事。我 27 歲時，既是個明星業務員，也是個庸庸
碌碌、不怎麼樣的業務經理。我吃盡了苦頭才學會要怎麼管
理他人，而最後我也進步了。30 歲時，我成了一個可靠的
業務經理，但也是個還在苦苦掙扎的創辦人。即便我經營這

家公司過了 5 年，依然認為自己只是個相當平庸的執行長，那時我才意識到光是自己很有遠見，是無法成事的；我需要正確的團隊，才能讓公司成功擴張。

我的目標是向你說明如何建立自己的團隊，讓你不會遇到我所經歷的那些慘事。跟其他人有效地合作，指的就是享受工作的過程，而不是躲在桌子底下、著急地想要找一份穩定的工作。在這個章節裡，我會給你一組工具，關於：

1. 如何選擇你的事業夥伴與顧問。
2. 如何改善員工的留任狀況（打造「黃金手銬」）。
3. 如何讓你的團隊發揮出極致的能力。
4. 如何僱用、解僱團隊成員，同時也不會樹敵。

你提供了哪些好處和福利？

如果要從個體企業家或是經營副業往前更進一步，你必須回答這個問題，而且要是個好答案。如果你現在是一位執行長，這個問題也同樣重要。

在你的公司還沒壯大之前，你並不是在替公司招人，而是在替自己招人。起初，人才可能是信任你才慕名而來，而你尚無足夠的資源可以提供廣泛的 401(K) 退休計畫，那你就必須提供有吸引力的福利計畫。接下來，你就可以招募人才進入公司。即便到了這時候，你還是要一直改善福利計

畫，否則最頂尖的那些人就會離開，去福利更好、好處更多的公司。

請拿這些問題問問自己：如果大家跟你越走越近的話，他們能取勝嗎？他們的生活會過得更好嗎？你是否有一份履歷表，上面列出所有因為你而讓他們的生活更豐富的成功故事？換句話說，想想看你提供了哪些好處與福利給那些有潛力的員工。如果你想要吸引到好人，他們需要相信你會提供好處給他們。

我學會聚焦在自己可以給他人什麼，而不是自私地想著要從別人身上獲得什麼，而且在這個過程中，我也提高了自己的價值。這個思考方式的改變，讓我的人生變得更美好。我不再去問別人，他們如何讓我的人生變得更好，而是去問：**我該如何用我提供的好處和福利，讓其他人的人生都變得更加美好**？

當他人僅僅是因為跟你有所連結，就得以致勝，這時你就會知道你的人生正在走向成功。那可能是基於你所建立的典範、你的人脈、你的指導、你的知識或是你嚴厲管教下對他們的愛。你要思考一下這三個問題：

1. 你現在給別人什麼樣的好處和福利？
2. 跟你合作的人，他們的生活有怎麼樣的改善？
3. 過去這一年內，你改善了多少人的生活？

等你開始記錄自己豐富了哪些人的人生之後，就開始有辦法吸引他人加入你的團隊。想想看你需要什麼樣的人來幫助你，讓你不只是有辦法在現階段有亮眼的表現，同時也可以助你一臂之力，讓你達成更深層、更長期的目標。只要你照顧好他們，他們就會挺你。

這項建議不只是說給那些令人景仰的執行長聽，對優秀的高層人員來說也相當重要。有些執行長會犯一種錯，就是認為只要人才一加入公司，招募過程就結束了。但真正的現實是，當你聘用的是那些最頂尖的人才，就會需要常常對這類人才進行重新招募。

如果你認為團隊成員不會一直收到其他公司的工作邀約，那你就太天真了。市面上有這麼多獵頭是有原因的，他們的工作就是要把你旗下最厲害的人挖走，送到其他正好需要這些人才的地方。會有人用優渥的薪酬來聘請獵頭，請他們把你旗下最好的人才偷走。你絕對可以認為這些獵頭就是衝著這些人才來的，所以最好要確定自己知道該如何留住這些人。根據公司的規模大小，當獵頭成功挖角一個財務長時，他們可以收到 30,000 至 60,000 美元不等的酬勞。挖角執行長的費用則是從 80,000 美元起跳，甚至可能高達 500,000 美元。

你招募進來的人同時也會密切注意著你，他們時時都在重新評估你所提供的好處和福利，如果不符他們期待的話，他們的眼光就會開始看向其他地方。尤其是最頂尖的那群

人，更是會密切地觀察你，看看你是否有持續成長，並找到方法可以帶公司更上一層樓；他們會看你是否有帶來其他頂尖的人才，以持續提高公司的價值。要對那群最優秀的人進行再招募，其中一個做法就是讓他們看到你在這幾個方面表現亮眼，並且要持續做下去，沒有停止的一天。

當有人決定要替你工作的時候，他們會問（而且你必須回答）的問題

1. 你的公司跟競爭對手比起來，有什麼特殊的傑出之處？
2. 你的領導風格跟其他人有何不同？
3. 你有自己的榮譽守則嗎？你有身體力行地體現這些原則嗎？
4. 跟你結盟的話，會有什麼樣的好處與福利？
5. 大家會常常看到你的成長嗎？會看得出來你在進步嗎？

每個人都需要一位參謀，找到一位你信得過的顧問

即便是最偉大的創業家都不能唱獨角戲，基於許多不同的原因，他們都需要幫手。他們一天只有 24 小時而已。他們只有某些領域的知識。他們需要其他觀點，以幫助他們形塑自己的觀點。

在黑手黨的家庭裡會有一個職位，專門提供一些高明的建議：參謀（consigliere）。而這也相當適用於商業的世

界。華倫‧巴菲特可能會是登上頭條的那一個，但是查理‧孟格（Charlie Munger）在巴菲特的成功中扮演了不可或缺的角色。史帝夫‧賈伯斯身邊有史蒂夫‧沃茲尼克（Steve Wozniak）；比爾‧蓋茲有保羅‧艾倫（Paul Allen）；馬克‧祖克柏（Mark Zuckerberg）身邊有西恩‧帕克（Sean Parker）會出言挑戰他，讓他的願景可以變得更大，他還有雪柔‧桑德伯格會去執行這份願景。

珮蒂‧麥寇德在 Netflix 待了 14 年，著有《給力：矽谷有史以來最重要文件 NETFLIX 維持創新動能的人才策略》（*Powerful: Building a Culture of Freedom and Responsibility*），她的專業是人力資源管理，在 Netflix 的頭銜是首席人才官。在我看來，她最大的價值就是挑戰執行長里德‧哈斯廷斯（Reed Hastings）。我訪問珮蒂‧麥寇德的時候，她跟我說了一個故事，有一次哈斯廷斯隔天需要進行一場重要的演說，而當他在敲著電腦鍵盤的時候，她在他的臉上看到一個窘迫的表情。

她懷疑哈斯廷斯在做的是可以讓他個人取得成功的事情，而不是他身為領導人該做的事情。她直接上前挑戰他：「你在幫程式除錯？天才工程師到此為止，你現在應該要當一個領導人。」你要記得，哈斯廷斯是有權力可以開除她的。但哈斯廷斯不只留了她 14 年，他們還曾經共乘一輛車一起去上班。為什麼呢？因為她不畏懼挑戰他的所作所為，還會指出他的盲點所在。

缺乏安全感的領導人，會讓自己身邊環繞著「只會點頭稱是的人」。**成功的領導人，則是讓自己身邊圍繞著那些會挑戰他們的人**，他們會去尋找並僱用那些比自己聰明許多的人，尤其是在那些他們自己不擅長的領域裡。

　　在我的影片裡，你常常會聽見我談到馬力歐這個人，他是我最信任的傢伙之一。剛開始做影片時，在鏡頭前說話對我而言是一件很困難的事，而馬力歐會用一種非常了不起的方法，讓我有辦法用比較好的表達方式，卻又不會讓我不自在。即便技術上來說，他是在替我工作，但他依然會毫不猶豫地用我們一起設定的高標準來檢視我，這是為了我們的內容和品牌著想。

　　你未來的參謀很可能是你原本就認識的人。尋找的關鍵就是你跟他要有類似的價值觀，但性格不同。如果你很沒耐心、個性衝動魯莽，那你就需要一個冷靜、事事斟酌的人；如果你很內向，那就找個外向的人；如果你很容易動不動就批評別人，也不容易原諒別人，那就找個富有同情心並容易接納人的人。不管這個人性格怎麼樣，他或她必須是冷靜且能好好控制自身情緒的人，這一點相當重要。

　　不論是在商場上還是個人生活中，我對於要讓誰進入我的小圈圈是非常挑剔的。我之所以娶我太太珍妮佛・貝大衛，原因之一就在於，她是唯一一個有辦法讓我冷靜下來的人。我在生活中各個不同的面向都培養了一小群人，讓我在不同的主題上都有人可以諮詢。

我讓自己身邊什麼樣的人都有，所以當我卡住、沒辦法做決定時，我通常會邀請兩位個性迥異的人進會議室來幫忙我處理某項問題。當這兩個人的個性分別位於兩個極端的時候，效果是最好的。我會先向他們介紹問題是什麼，接下來我就單純坐在那裡，看他們一來一往地討論。我會不時提問、煽風點火一下，我想要確保自己聽到最有說服力的論點，兩方意見的衝撞會讓我更接近事情的真相。

我有個朋友對於創作文字內容很沒耐心，他最重要的信念是：完美即完成之敵。而他的夥伴則是對於錯誤很有耐心，他相信的是：著急是專業之敵。他們一陰一陽的處事方法打造了完美的平衡。馬力歐和我的動能很類似，我們不需要假裝，不用玩好警察壞警察的遊戲，因為我們的價值觀差不多，但個性卻是天差地遠，所以自然而然地，他對我有著平衡的作用，會挽救我不淪為自己最糟的敵人。他也會告訴你，我也曾在許多場合拯救過他，說起我們一起工作和旅行時發生的那些故事，兩個人都會覺得非常好笑。我是很熱愛數字沒錯，但是身邊有這麼一個人讓我時常想起我跟他有著很多美好回憶，這種價值完全是無法計量的。

找到一位信得過的顧問

1. 能夠有技巧地處理問題，事先想到之後很多步的行動。
2. 跟你的價值觀相近，但性格迥異（你的劣勢正好是他的優勢）。

3. 在壓力下依然保持冷靜。

4. 不怕挑戰你，也不怕指出你的盲點。

5. 很忠誠，不會暗自打著其他的如意算盤。

不要讓唐尼・布拉斯科進你的公司

企業家會犯的最慘錯誤之一，就是在決定僱用一個重要職位的人之前，沒有盡職做好該做的調查，並一一核實對方的背景。你僱用了一個受到高度推薦的人，他做得很好，大家也都喜歡他，你拔擢他到一個位置，在公司中有著舉足輕重的影響力，你對他全然信任，會毫無保留跟他分享所有資訊，也完全無法想像他會做出任何破壞彼此之間信任的事。直到有一天，他真的做出了這種事。

你可能看過關於唐尼・布拉斯科（Donnie Brasco）的電影或書，那是 FBI 探員喬・皮斯托（Joe Pistone）滲透進黑手黨時用的假名，他作為博納諾家族 [8] 的一員，在裡面臥底了 6 年，並且贏得裡面最高層那些人的信任，包含人稱「桑尼・布萊克」（Sonny Black）的多明尼克・拿坡里塔諾（Dominick Napolitano）。由於皮斯托的臥底工作，FBI 逮捕了 212 位黑手黨成員。

皮斯托臥底了 6 年後，FBI 想要把他從黑手黨裡拉出

8　譯注：Bonanno family，美國黑手黨五大家族的其中一支。

來，但是皮斯托堅持他還要再待更久，以成為真正的「完人」（made man），最後，FBI 親自去找桑尼・布萊克，跟他說他所認識的那位唐尼・布拉斯科其實是一位 FBI 探員，桑尼是這麼回答的：「我不相信你說的話。」

最後，桑尼・布萊克被謀殺而死，他的屍身被找到時，雙手已經被切掉了。桑尼竟然讓組織裡混進了一隻老鼠，黑手黨的老大們對此非常火大。再加上這隻老鼠跟他們每個人都曾經握過手，這對他們來說尤其是個極大的侮辱。

世界上可能沒有比黑手黨更多疑、更不信任他人的組織了，然而，其中的成員都相當信任這個他們認為叫做唐尼・布拉斯科的男人。這就是我希望你學到的一個教訓：不管那個人看起來多可信，該做的調查都一定要好好做，尤其是你準備要讓他們取得一些不能讓你的競爭對手知道的敏感資訊時，這一點更是重要。你要和他們相處，問他們問題，向別人打聽他們的事，觀察他們的處事和行為。你永遠不會確切知道一個人到底可不可信，但你可以感覺到他是個什麼樣的人，足以讓你對他產生一些信任——至少在某些條件下，以及在公司的某些領域裡，你是可以信任他的。

麥可・麥高文（Michael McGowan）是一位有著 30 年經驗的 FBI 臥底探員，他曾經跟俄羅斯的黑手黨員、美國黑手黨五大家族中的三支，以及跨國犯罪集團錫納羅亞販毒集團（Sinaloa Cartel）有過密切接觸。我問他，為什麼博納諾家族會讓布拉斯科滲透得如此深入，他的回答很簡單：因為貪

婪。唐尼‧布拉斯科的故事是個完美的警世寓言，可以提醒你，讓一個人接觸到公司的內部資訊之前，要做好功課。

創業家喜歡自認為他們對於自己公司的人瞭若指掌，甚至比這些員工的心理治療師和伴侶都更了解他們，但這完全是大錯特錯。你並不知道你的左右手私底下有沒有不為人知的賭博問題；你不知道財務長會不會很容易因為生命中的創傷而做出糟糕的決定。不要以為你可以看穿大家的靈魂，而是要用資料與系統化的方法來調查新聘的人。

在做出重要的任用決定前，一定要問的 5 個問題

1. 你問過了哪些類型的參考人？參考人有幾個？跟這位新僱員共事過的其他人，你找他們打聽過這位新僱員是怎麼樣的人了嗎？
2. 這個人是不是很討人喜歡（你僱用他的原因），但卻缺乏重要的技能組合呢？
3. 你是否檢查過他的背景，以確認他的過去沒有任何值得注意的警訊？
4. 你問過他履歷上任何不太對勁的地方了嗎？例如，若這個人休息了 2 年，你是否已經往下挖找到其中的原因了？
5. 你開出的契約條件是否包含 90 或 120 天的試用期？這會讓你有充分的時間可以評估這位新僱員的表現，也會讓這位新僱員有時間學習他需要改進的地方，並且朝這個方向去努力。

在聘用人的時候，要很仔細、全面地考慮，這一點很重要，也是我會反覆強調的一點。如果錯用一個人，你每天都得付出代價。珮蒂‧麥寇德在 2014 年 1 月號的《哈佛商業評論》（*Harvard Business Review*）上，用一篇文章解釋了箇中原因：

如果你在聘用新人的時候小心謹慎，只僱用將公司利益擺在第一優先的人，而且他們理解也支持那種追求高績效表現的職場，那你就會有 97％ 的員工都在做對的事情。大部分的公司都會耗費無窮無盡的時間和金錢在編列、加強人力資源的相關政策，以處理另外 3％ 的人可能會造成的問題。與其如此，不如盡量不要僱用這些人；如果真的做出了錯誤的僱用決策，也要趕快讓這些人走。

讓我分一杯羹：授予股份，以建立團隊

為什麼美國是移民趨之若鶩的國家？為什麼美國有來自 200 個國家的 4,100 萬移民（而且這個數據遙遙領先排名第二的國家）？美國並非全球人口最多或土地最大的國家，但卻有著其他國家相對來說稀有的條件：人人都有平等的機會，可以建立自己的財富。人們可以到美國創業，並擁有自己的企業；他們可以擁有一塊土地或是一棟大樓，並且持有這份財產。這種可以分到一杯羹的機會，就是美國夢。因

此，美國吸引了最頂尖、最努力認真的人。你也想要吸引最頂尖、工作最努力的人進入你的公司嗎？讓他們分一杯羹吧。

在我職涯的初期，我是公司裡帶來最高銷售量的員工之一，但就像前面提到的，我並不滿意公司的營運方式，於是寫了一封長達 16 頁的信給管理階層，其中一項要求是他們要讓關鍵的人有機會拿到股票或分潤。

沒有股份或分潤的話，我只會把自己視為一位員工。不分股票給我的話，即便身為公司的明星業務員，我依然是公司的對手，而非夥伴。失去我，會讓公司的營收減少幾百萬美元，而要留住我，只需要一點點小小的誘因，讓我感覺自己就像是事業主一樣。

管理階層的人拒絕了。不僅如此，他們認為我絕對不會離開，因為離職會讓我失去手上數千位客人每次合約展延時所帶來的豐厚佣金。曾經，我的計畫是協助公司成為最大的保險公司，並在未來成為執行長。

「你們認為合約展延的佣金就足以留住我？你們認為我的思維格局這麼小？你們真的瘋了。」我離職了。需要股份的員工不光只有我；任何有野心、敢做夢、有才華的人都需要股份。我總會給那些替創業家工作的人這個建議：去問公司最上位的那個人，你可以做些什麼，以讓自己擁有一小部分的公司。如果他說：「絕對不可能。」那就離開吧；如果他說：「你可以做某件事情」，那就待下去，並達成你們共同設立的目標，作為擁有公司一部分所有權的條件。

你無所付出，就不可能有所獲得。不要說：「我非常有能力、才華出眾，所以把公司分一塊給我吧。」你必須達成一些目標，才能取得你想要的東西，而且，只要這個目標是公平的，那麼對於創業家和那些表現亮眼的人來說都是筆好交易。此外，用離職來當威脅是沒什麼效用的，關鍵在於去問你需要達到什麼具體目標，以贏得股權。

如果你擁有一家公司，你可能會對於把股權分給別人的做法有所保留，你可能會想：「派崔克之所以這麼做，是因為他的公司很大、營收很高，但我的公司沒那麼大，所以我沒辦法給人家這種條件。」你只想到接下來的一步。把你的思考層級拿去跟行家的思考層級比較一下，看看誰看得夠遠，因此看得到這種做法的好處在哪。聽著，我不是叫你開始在公司裡隨便亂丟股權，我的意思是，即便只是一點點股票，都足以讓大家產生切膚之痛，讓他們覺得自己是公司的長期夥伴。

如果你有著稀缺心態，那你就會老是想著自己擁有的永遠都不夠，或者是馬上就會發生某種災難，而你不會有足夠的資源來應對。但如果你對於未來的現實抱持著百分之百堅定的信念，就會用不同的方式思考。假設公司過去 5 年平均營收是 1,000 萬美元，淨利率是 15％，那就是 150 萬的淨利。你決定僱用強尼協助公司進一步成長，但強尼堅持要擁有股權，否則就是要獎金。起初，你對於這點猶豫不決。強尼說如果他讓公司營收從 1,000 萬提升到 1,500 萬美元，他

想要 25 萬美元的獎金，一開始你的回應是，你無法負擔這麼一大筆付款。

你自己算算看。淨利從 150 萬成長到 225 萬美元，而看著強尼所增加的利潤，你怎麼可以埋怨他跟你要的 25 萬美元呢？這筆交易對你來說，基本上就是買一送一！強尼的努力會讓公司的保險箱裡多出 50 萬美元。（這個例子的假設是你的公司原本並沒有在成長，如果原本就有在成長的話，你會根據他能否讓目前成長速度加快的能力，以建構出獎勵方案；舉例來說，如果公司過去 3 年原本的成長率是 20％，而強尼有辦法把成長率提高到 50％，那多出來的 30％就歸功於他。）

如果你拒絕他，唯一的解釋就是你的思考很短視近利，或者你很官僚。如果你還在抗議，認為如此一來，公司裡每個人都會想要求一樣的事情，那麼你目光短淺的思維，就會幫你造出一場邏輯惡夢。想想看：如果公司裡每個人都想要產生更多利潤，好讓他們自己的財富與你的財富都有所增加，還有什麼比這更好的？

你認為比爾・蓋茲會埋怨那些在微軟工作的人所帶來的財富嗎？蓋茲並未把股權分送給大家，因為他當時已經想到了幾步之後的行動，他是將股權分送給那些透過自身努力贏得股權的人。我讀過一份資料，據估計，微軟已經創造出 3 位億萬富翁（可別忘了史蒂芬・巴爾默），以及 12,000 位百萬富翁。

■ ■ ■ ■ ■

　你創造財富的方法，就是讓別人有機會圍繞在你身旁，**與你一同創造財富**。現在，你開始理解了嗎？

　某些人的動機會是股權，有些人的動機則會是分潤，也有些人是如前面所提過的豐厚薪水，有些人是獎金，還有些人想要的是長期保障。沒有哪兩個人想要的東西是一模一樣的，關鍵在於打造出正確的薪酬計畫，以吸引並留住你在尋找的那種人才。

　就我個人來說，比起獎金，我更偏好股權與分潤，因為長期來看，這會讓自己身邊的人更有可能是對的人（我會在下個部分更進一步闡述這一點）。再者，就如同屋主會比租客更呵護自己的房產一樣，一旦你給出公司一部分的擁有權，大家的心態也會跟著轉變；突然之間，他們變成是在替自己工作了，他們不只會有增加自身財富的動機，也會有動力去提高公司的價值。

　這些聽起來可能都很像常識，但你很容易就會省小錢花大錢。以一家歐洲公司為例（歐洲大陸最大的電池製造商之一），這家公司來找我，因為他們的年成長率只有 2%，當我跟執行長見面時，問的第一個問題就是：「你付業務人員多少薪水？」

　「每個月 2,500 美元。」

「好，除此之外，他們還可以拿到多少？」我問道。

「我不懂。」他說。

「我的意思是，除了薪水之外，根據他們的表現，還可以拿到多少錢？」

「就這樣，沒有了。」

「就這樣，沒有了？」

我無法置信，如果無論你工作表現如何，只能預期每個月會拿到 2,500 美元，那你工作能多認真？

他改變了薪酬計畫，改而專注實施分潤式計畫。當這個計畫到位之後，沒過多久，公司的成長率就提升了 25%。有時候，帶來成長的關鍵是非常顯而易見的。你要改變薪酬計畫，讓大家感覺可以「分到一杯羹」，他們就會更努力、花更多時間工作，也會用更有創意的方法工作。

不要在第一次約會就放棄 —— 如何打造黃金手銬

策略是這樣的：分送一些股權給關鍵的人才，但不要在一進公司時就馬上給他們，要讓他們自己賺到這些股權。

你可能很聰明、很有洞察力，但沒有人會讀心術，有潛質的員工第一眼看起來可能很棒，然而在投資他們之前，你得先去了解他們。在把股權獎勵給他人之前，要有一段等待期，讓他們有時間可以說服你，他們真的屬於這裡。我總是試著說服我的人才，持續爭取他們加入我的任務和願景，這

是我的工作之一。我試著向他們兜售他們可以賺到多少錢、可以擁有怎樣的未來。我試著向他們兜售公司的文化，我相信我創立的這家公司，想要確保他們也相信這家公司。

一個人被公司僱用之後，通常就不會繼續推銷自己，他們認為自己已經進來了，所以可以開始工作了。不是這樣的，我需要感受到這些人是真的想要在這裡、感受到他們對於這件事充滿興奮、感受到他們認為自己是協助達成目標的不二人選。我注意著他們的一言一行，如果他們的言詞和行動跟公司需求一致的話，那麼他們就是成功地將自己推銷給我了。

不要急著對你僱用的人做出判斷，而是應該採取觀望的方法。他們可能看似完美、有很多才華，但也可能不適合你正在打造的文化。他們在面試這份工作以及剛開始工作時，必定都是表現出最好的樣子。不要相信這些，讓他們繼續說服你。

用股權來獎賞你的團隊，這種做法比起科學更像是一門藝術，做得對的時候，你會達成這三個目標：

1. 改變團隊成員的思考方式，讓他們從員工的心態變成老闆的心態。
2. 讓你的員工有誘因，用更聰明的方法、更努力地工作，並增加公司的價值。
3. 透過聰明地建構薪酬計畫，你會留住更多員工。

我成立公司之後，在短短 2 年內就建立了一套股權計畫。金融服務的本質原先就包括合約展延時的佣金，所以員工的留任率本來就很高；但是，成為班上的第一名並不會讓我感到滿足，我想要的是能夠讓整個產業重新洗牌的薪酬計畫。

　　我是用一種作曲家或編舞家的方式來處理這個問題的，創造出對的薪酬計畫，就像是創作出對的旋律一樣。創作出奧斯卡得獎配樂的作曲家漢斯・季默（Hans Zimmer）之所以如此獨一無二，是因為他知道如何使用不同的曲調、如何將它們組合在一起，天衣無縫地配合整部電影。有效的薪酬計畫亦如是：每一片拼圖都需要放到對的地方，才能打造出整體而言最佳的方案。你可能會覺得我似乎很戲劇化，但這麼重要的事情就是需要這種程度的細節。為創造出最有效的薪資結構，關鍵是：

1. 決定你願意認可哪些行為或是成果。
2. 研究產業目前的薪酬結構，即便你想要打破現狀，也需要先釐清現況。
3. 找到方法，打造出三個層級的誘因，讓大家有努力的目標，這會比贏者全拿的獎勵制度更為有效。

　　我制定了一個計畫，讓保險經紀人在開始工作的 2 年內就可以賺取股權。讓股的時程很複雜，當你準備要在公司裡

推行這套做法時，你會需要一位專家等級的財務長，或者是一位外部顧問來處理其中的細節。

整體的計畫是，你的團隊會漸漸賺取並正式擁有公司的股權，於是，他們會覺得自己彷彿是老闆一樣、也像老闆一樣收錢（同時也讓你變得更加富有）。他們會知道，若是要讓自己賺到最多的錢，繼續待在你的公司會是個好的做法。「黃金手銬」（golden handcuffs）一詞起源自 1976 年，指的是只要你繼續待在公司，就可以繼續收到黃金。

除此之外，要記得這一點：好好對待你的人才，不然別人就會替你好好對待他們。

為留住人才，你一定要認知到這 6 點

1. 大家對於自己的付出，會想要有妥善的報酬。
2. 表現傑出的人會想要參與公司的成功。
3. 大家會想知道他們參與的組織正在影響世界。
4. 大家會希望自己的工作成果在同儕面前受到賞識。
5. 大家會想要知道自己在公司內部有沒有成長的機會。
6. 大家會想要有一組明確的期待，他們所受到的評價都是以這組期待為根據，而且這個目標很清楚，不會一直變來變去。

清楚、盡早、經常去溝通你的期待

我們常常會誤以為人們的性格是固定不變的，因此，當我們看到一個新來的員工展現出不佳習慣的時候，我們就以為自己用錯人了。但其實，我們可能有辦法可以訓練那個人，讓他成功。關鍵在於追蹤他的表現，並提供回饋與更有效的溝通。讓人們知道自己的狀況，可以達成三項重要的目標：

1. 他們會知道，想要保住工作，一定要有哪些特定的行動。
2. 如果他們沒做到，那麼請他們離開，看來是相當客觀且公平的做法。
3. 你可以開始去找其他人來完成這些任務，最好的狀況是這個人進步了，然後你會把「標竿」拉高；但如果這些都沒發生、這個人也離開了，那麼你找到的那個「其他人」就可以進場，接下這位離職員工的工作。

■　■　■　■　■

你必須建立清楚的期待，像這樣：「鮑伯，你說過你是會準時出現的人，然而你過去兩週就遲到了三次。」鮑伯回答：「但是只有 8 分鐘而已。」

「8 分鐘的意思就是晚了 8 分鐘，而你跟我們說你是可靠的人。我們對大家的期待是準時，我只是想要讓你知道，如果這個狀況持續下去，對我們而言會是個問題。」

如果你本身對於標準有所妥協，就會創造出一個環境，導致大家覺得標準很低也沒關係、也能接受。從此以後，你就只會走下坡。

這個直截了當的方法會讓鮑伯有所選擇，在你開除他之前先自行辭職，這是很多人都會做出的選擇。你不可能每次都聘請到完美的員工，當你看到有人不是很合適的時候，你一定要很清楚自己的標準在哪，並告訴他們是哪裡未達標，而他們常常會有所行動，給你一個大驚喜。

假設鮑伯的行為依舊，最終成了一個問題，到了該請他離開的時候，他也不會覺得意外，因為你已經告訴過他必須要有所改進。你可以說：「鮑伯，我想你不會覺得意外，因為你兩週內已經遲到了三次，我也跟你說過這是個問題了，但即便如此，你還是持續遲到，我恐怕不得不請你走了。」乾淨俐落，直搗黃龍。

如果你的公司經營得有聲有色，而且不需要大家準時出現在公司，那麼對你們來說就完全是另一回事了。你們公司可能是屬於創意的領域，而且編輯和研發人員在想出現的時候才出現，你也覺得沒關係，只要他們的工作有完成就好。如果在你們產業這樣行得通，就沒問題。但如果員工必須準時出現在公司，那你就不該有所妥協，否則壞習慣就會開始

四處蔓延。

　　我說這個故事是為了要強調，你僱用新人以及管理的方法，都可以降低解僱員工的頻率。當你需要讓某個人捲鋪蓋的時候，這些方法也可以減少他的不適。關於解僱員工的具體策略，接下來就讓我們深入探究一番。

溫柔地解僱員工，再說一次，要溫柔

　　創業家要做很多困難的事情，其中最困難的事情之一就是開除別人；要是你做得不對，可能會毒害公司的文化。當有個員工就是不適任，而你也接受你在這件事情上自己的責任，你就會用比較同理的心態來處理這項令人不愉快的任務。不要拿你的員工出氣，要學習如何好好地解僱人。

　　你馬上就會發現，在創業時，這是一項很重要但經常被忽略的技能。如果有主管在解僱員工之後，馬上就與他斷了聯繫；我可以告訴你，那個主管說好聽一點是缺乏同理心，說得難聽一點，甚至有可能是個虐待狂或是在霸凌別人。同樣概念也適用於那些老是無法扣下扳機的創業家，他們常常會警告有問題的員工，卻缺乏讓員工捲鋪蓋回家的魄力。如果你有一個爛員工，他的態度可能會對其他員工產生負面的影響。

　　我們就用分手來比喻解僱這件事吧！為了避免分手的不愉快，你可能曾經用過這些經典台詞：「真的不是你的問

題，是我的問題。」「因為我們關係的發展方向，我們都知道會有這麼一天的。」「問題出在我身上。」

你已經試著不要傷到和氣，好讓怒火、傷心、羞恥以及其他可能會從這種情境中衍生出來的情緒都降到最低。作為創業家，你在解僱一個人的時候，可能會想要訴諸類似的台詞：「我相信你在別的地方會很不錯的，我們只是在處世哲學上有所不同。」或者「你很有能力，我確定你很快就會找到其他工作，我也會很樂意幫你寫很棒的推薦函。」

但是一般來說，這些經典的分手台詞是行不通的。大家不笨，他們也是人，意思就是你要尊重他們。這麼做不僅僅是正派而已，也不是只有你會成為他們的推薦人；他們就是那些會在社群媒體上談論你的人，而你不會希望他們傷害到你的名聲。

在解僱員工時不要拖延，但也不要像核彈爆炸那樣瞬間發生，時間並不會治癒所有傷口，也不會讓一個不稱職的人突然之間就神奇地變得稱職。如果你已經給過那個人合理的警告，但他並未有所回應的話，那就不要反覆給他改進的機會，因為他很有可能是不會改進的。跟他開一場離職會議，斷要斷得乾淨，同時，我要警告你，不要採用「焦土政策」，如果你的情緒失控，決定解僱所有犯過錯或是曾經讓你感到不高興的員工，那你最終就只會有一間辦公室和你自己。要記得，你解僱一個人的原因，是因為你打從一開始就不應該僱用這個人。

這讓我想起胡丹・薩拉夫（Houtan Sarraf），大家都暱稱他「老胡」（Hoot）。我很愛老胡，他曾經是我最愛的助理之一，而他之所以是我最喜歡的助理之一，並不是因為他工作做得很好，事實上，他可能是助理這個職位的歷史上最爛的助理了；他毫無組織能力，也無法好好把事情做完。但他是個很好的人，我很喜歡跟他混在一起。

然而，到了某個時間點，我再也無法忍受他的沒效率。我把他叫進辦公室，「老胡啊，」我說道，「我有一個好消息、一個壞消息，你想先聽哪一個？」他說壞消息。「好的，你真的很不會當助理，這也是為什麼我要請你離開。」

「那好消息是什麼？」他問道。

「我很信任你，你是個很好、很棒的人，將來會做得很不錯，但不是在助理的位置上。」我們談了他人生想做的是什麼、他真正想要成為什麼樣的人，然後他向我吐露，他一直都想要去有著世界上最強大浪的地方衝浪。我鼓勵他去追尋自己的夢想，而接下來的 10 年間，他真的就去追逐夢想了。他在自己常去衝浪的那幾個海灘教衝浪，同時在餐廳工作，替他的冒險攢到資金。為了要找到最高的浪，他去過中國、紐西蘭和澳洲旅行。當他回來的時候，我聽到的是無止境的冒險故事，我把他當成自己的弟弟一樣。我相信他再也不會去應徵任何助理職位了。

珮蒂・麥寇德把我這套哲學簡述得相當完美：「如果我們只想讓 A 級球員進到團隊裡，那麼那些技能不再符合需求

的人，我們就得願意讓他們走，不管他們曾經做出多有價值的貢獻。」

成為有力的終結者，需要 6 項技巧

這 6 項技巧是我用自己大量的經驗總結出來的。你必須先理解，當你解僱一個人後，對方有可能會對你採取法律行動。因此，在結束任何僱傭關係之前，都必須諮詢公司的律師，或者如果公司有人資部門的話，也要諮詢他們的意見。

1. 解僱時要溫柔。當你要告訴一個人他就做到今天了，你應該真摯誠懇地告訴他。不必去怪罪他人。員工責怪你時也不必反擊；若你大力抨擊員工，沒有人會想要替你工作。但如果員工對你大肆批評，那你就不會替他寫推薦信、協助他在別的地方找到工作。

2. 直接說重點。當你在解僱一個人的時候，不要拖拖拉拉的，雖然大家會對於自己被開除這點感到很震驚，而且從這種震驚中會產生反抗的情緒，但這個過程不能拖泥帶水。不要浪費時間去合理化你的行動或是證明他們應該要被炒魷魚，這麼做一點意義都沒有，你只會浪費時間以及消耗自己的情緒。

3. 溫柔而堅定。沒錯，我就是要再提醒你一次，要溫柔，因為我不希望你態度堅硬到像是一顆石頭似的，並且開始攻擊對方。堅定的意思是趕快講重點，不要猶豫不決。要

提醒自己，這不是一場辯論，而是一個決定。這個人行不通，你們兩個都應該放下、往前走，句點。

4. 要認知到對方的感受。你可以說類似這種內容：「我理解這對你來說可能會是個挫折和失望的時刻，我之前也曾經被解僱過，我可以告訴你，這讓人很不舒服。而我只是想要告訴你，我完全理解你的感受和想法。」聽聽看對方說了什麼，接著再跟他溝通，並告訴他，你理解他所表達的情緒：「我知道你很生氣……」

5. 要有好的退場策略。有一個糟糕的退場策略，就是讓你的員工幫你解僱一個你親自面試進來的人。要是你用這種做法，那可以保證你會有個火冒三丈的前員工。但如果你當初親自招募了約翰，而他後來是替蘇工作，那該怎麼辦呢？那麼當你要告訴約翰這個壞消息的時候，你跟蘇都要在場。讓他的退場變成是一次面談，而不是一份簡短的解聘通知。不要直接把人踢出去，而是要用資訊和同理心來讓他離職。如果你開除的是不在辦公室裡工作的供應商，情況就不一樣了，你或許可以用一通電話就解決。但如果是某個在辦公室裡的人，在他離職之前，你需要親自進行面談。

6. 談談對方的長處。這一點是建立在前一點之上的。這包含了你可以給他一些建議，關於他可以如何藉由自身優點，在下一份工作中取得成功：「你很擅長 X，意思是你會很適合去做 Y。」你要變身成一位有同理心的教練，根據對方擅長的領域，幫他找到下一個職位。如果你是用這種方

法，那就連離職員工都會變成你公司的粉絲。

■　■　■　■　■

我希望你現在的思考已經超越了個體企業家。一人公司的影響力是有限的，沒有人可以用單打獨鬥的方式建立起一家價值 10 億美元的公司。

僱用人要慢慢來，解僱人則要速戰速決。慢慢來，確認你聘用了正確的人，但是，當你認定某個人是不對的人之後，就不該讓這個人繼續到處晃來晃去、傷害公司的生產力和士氣。

第 7 章

建立一套有原則的公司文化

　　領導能力指的是，你的出現讓大家變得更好，而且你知道當你不在的時候，這樣的影響力依然持續存在。

　　　　　——雪柔・桑德伯格，臉書營運長兼慈善機構 LeanIn.org 創辦人

■

　　就算你是個無神論者或是不可知論者 [9]，宗教的元素在公司裡都是有一席之地的。在你駁斥這個概念之前，我們先看得更深入一點。我真的認為，研究世界上的宗教可以學習到很多事。哪兩件事情是所有宗教都有的？全心全意的信徒與儀式。

　　如果員工不相信公司，哪家公司有辦法成功？哪家公司的文化中沒有具體的符號象徵、口號以及信條？ Google 是一種宗教，蘋果公司也是，西南航空和沃爾瑪（Walmart）

9　譯注：agnostic，認為人類無法確切知曉或是無法確認神之存在與否的一種哲學觀點。

也都是一種宗教，他們的執行長不會承認，然而，每家公司都遵守著一些「誡命」，他們透過社群媒體和其他媒體來傳遞福音，並熱切地信仰著公司的策略與文化。

我也相信這一套，而這樣的信念讓我們公司充滿了能量，讓我們在困難的時候可以堅持下去，也讓我們在一切順利的時候有膽量。全心全意的信徒是非常可怕而且難對付的，所以不管你在進行哪種類型的創業，都要確保你和團隊是因為一個共同的信念而聚在一起的。

擁有很棒的商業概念和能幹的人才還不夠。身為一位知道策略和人才有多重要的創業家，你可能會不同意我的說法。但我向你保證，如果你的團隊沒有相近的原則和價值觀，就絕對無法發揮出全部的潛力，而且還差得遠了。無論你是不是發明了一個更厲害的捕鼠器，或者你是不是僱用了最聰明、最厲害的人，只要你們沒有共同的價值觀，就無法永續經營你所建立起的事業。

知道自己想成為什麼樣的人是一回事，把整個組織都形塑成一組核心的信念，並且不管你在不在，這個信念都還是會存在，這又是另一回事了。在這個章節裡，你會學到如何達成這件事。

建立原則

在我剛成立公司的時候，我跟當時的女朋友，也就是現

在的老婆，去了一趟夏威夷，我們上樓回到房間。夏威夷是個浪漫的地方，所以自然而然地，我們做了所有年輕情侶都會做的事，你知道接下來要發生什麼事情了，對吧？我把「請勿打擾」的牌子掛到門上時，不停想著 System 樂團那首 80 年代的經典歌曲，我還唱了起來：「在門上掛上牌子，叫大家別來擾亂這個律動。」我把門反鎖之後，就立刻開始做正事。我說的「做正事」，意思是拿起一張紙、一枝筆，然後說：「我們把各自生活想要實現的價值觀和原則都列出來吧，看看我們可以想出幾個。」我們馬上就想出了 43 項，接著把這份清單刪減到只剩下 10 項。

你可能會覺得跟女朋友一起在夏威夷，做的卻是這種事，滿奇怪的；但是，認識我的每一個人都會跟你說，我非常執著於原則。當我跟太太決定要生小孩時，她和我又拿起另一張紙，進行了一模一樣的活動。因此，我們的家庭裡有一種文化，我們有堅持的信念，並根據明確的價值觀，建立起自己的原則，而且我們會不停地反覆重申這些原則。

作為一家人，我們的堅持

- 領導——因為你面對的所有情況，都需要領導能力。
- 尊重——因為你從每個人身上都可以學到一些東西。
- 改進——因為你知道這是所有事情的成功之道。
- 愛——因為每個人都在面對人生中的某種挑戰。

我們絕不容忍的事

* 霸凌與被霸凌。

我們的核心價值

* 勇氣——不畏懼挑戰彼此。
* 智慧——做出正確的決定。
* 包容——我們知道自己面對的是人類，而人隨時都會變。
* 理解——接受並尊重每個人不同的想法與價值觀。

這些事我們說了一遍又一遍，我的孩子們都聽到煩了。而說到我們的公司，我的團隊常常會嘲笑我太常反覆叨唸著這些信念了。在我看來，如果團隊還沒開始嘲笑你，那代表你講得還不夠頻繁。

為什麼我在自己的家庭和公司這個家庭中，都如此持續不懈地反覆重申我們的原則呢？因為我相信提醒再提醒的力量。我希望這些價值和原則可以深植在團隊裡，甚至連他們的血液中都有這些原則在流動。

我觀察過別的創業家——那種公司裡問題重重的創業家：有人在應該工作的時候逛色情網站；有人為了搶奪生意而做出不道德的行為；有人在工作上只會付出剛剛好可以過關的努力，而不是努力到讓自己有所精進。這些創業家之中，有的人並未釐清自身價值觀，而有的人可能很清楚自己的信念是什麼，但是重申得還不夠頻繁，示範得也不夠頻

繁，以致大家並未充分理解這些價值。

證明你的信念和堅持

　　我兒子狄倫 6 歲的時候，有一次我和他去逛諾德斯特龍（Nordstrom）百貨公司。他在旁邊作怪，然後爬到我的背上，有一位女士看著他，莞爾一笑。她說她的孩子現在年紀比較大了，但是她還記得那個階段，我問了她一個問題（我總是會向那些比我年長的家長們討教這個問題）：「身為一位家長，有哪三件事情是你成功做到的？」

　　她的前兩個答案很普通：愛你的孩子、給他們滿滿的關懷，最後一個答案則是跟信用有關，她說：「如果你威脅小孩要處罰他們，或是拿走他們的某樣東西，那就要說到做到，不然你說的話會變得一文不值。」

　　2010 年，在我成立公司僅僅一年之後，我僱用了一些會「搞鬼」的保險經紀人。我很快就發現他們會為了做成生意去抄捷徑，還會採用一些不道德的做法。當然，我在僱用他們時，並不知道他們是會搞鬼的人，事實上，當時他們看起來是非常棒的人選，因為他們非常優秀——我們一起合作的頭三個月，每個人都賺到超過 100,000 美元。

　　接著我開始對他們不老實的手段有所耳聞。那時在公司裡，我尚無法證明應該要花錢聘用一位全職的法規事務主管，但我很快就意識到，除了爆炸性的攻勢（快速的成長）

之外，為了保持平衡，我們也需要採取防守的姿態。我之所以聘請了亞穆爾‧努巴倫茲（Amour Noubarentz）──他從2002年就開始擔任我們的分公司經理──原因在於他跟我有著同樣的原則。面對這些新聘的經紀人受到的指控，我曾經請亞穆爾去調查。亞穆爾警告我，要放手讓他好好工作，而且我有可能不會喜歡我聽到的內容，這些很會賺錢的人的所作所為，可能有違我想要放進公司文化中的那些原則。我答應會讓他放手去做。3個月後，他拿了證據給我看，我們那位最厲害、像印鈔機一般的業務員，拿到生意的方法不僅是不道德而已，甚至還可能違法。「你必須請他走人。」亞穆爾說道。

儘管我們3個月前曾經有過那場對話，這麼做還是讓我很不情願。與很多創業家一樣，我很重視那些能帶來產值的人，而那位在背後搞鬼的經紀人，產值高到瘋掉。亞穆爾拿證據給我看的時候，這些證據裡還有跟 FBI 有過節的歷史（我是不是說過我在僱用人才這方面是吃盡苦頭才學會的？），我別無選擇，只能請他離開。解僱員工一直都是很困難的事，而在這個案例裡，我跟這位經紀人還有他的事業夥伴（同時也是他太太）見了面，她哭著告訴我，他們有孩子，現在他們不知道要怎麼樣才養得起小孩。我最後盡己所能地照顧了他們，但還是得讓他離開。你絕對不能容忍任何違反原則的人。

在這個事件之後，我開始在公司內舉行讀書會，每月一

次。首先，我指定了兩本書給員工閱讀：強‧杭士曼（Jon Huntsman）著的《贏家說真話：美國經營之神的處世哲學》（*Winners Never Cheat: Everyday Values That We Learned as Children (but May Have Forgotten)*）、肯恩‧布蘭查（Ken Blanchard）與諾曼‧文森‧皮爾（Norman Vincent Peale）合著的《有道德的管理之力量》（*The Power of Ethical Management*）。我想要對每個人傳達一件事：我們對於不道德的行為，容忍度是零。

每個人都開始談論這兩本書裡的原則，其中有些人離開了公司，因為他們不想要在一點通融的空間都沒有的地方工作。而我所說的那些關於原則的一切，我都必須用行動來證明自己對於原則的堅持。解僱產值最高的員工、放棄好幾百萬的營收，都是我的團隊需要看到的證據，以證明我的堅持所在。

就像老爸和達利歐說的那樣，永遠不要畏懼真相

說到書，真正反映了我對於公司和人生哲學的一本書是瑞‧達利歐所著的《原則》。（對，我知道我已經提到這本書第三次了，你應該開始感受到我這種反覆再反覆的個性會如何把人逼瘋。）達利歐是全世界最大的對沖基金——橋水基金（Bridgewater Associates）的創辦人，他寫了這本書來分享他在個人與職業生涯中都頗為受用的指導原則。我讓這

本書成為全公司的必讀書目。我非常欽佩這本書，甚至還聯絡到達利歐，請他以來賓的身分登上「價值娛樂」的節目。我們進行了一場相當全面且完整的談話，談到他們位於康乃狄克州的總部裡所有的文化，以及做生意的方法。

正如我所料，有些人對於書中的概念感到不舒服，特別是「極度透明」這一項。這項原則有一個部分是要求大家，當他們認為有人正在做出錯誤的行為或是會越線的時候，就有義務要批評這個人的做法。雖然我們公司也是建立在這個原則上，但並非所有人都可以欣然接受這種做法。不過，這本書最終達成了我希望它產生的效果，也就是創造出有效的（並且常常是相當激烈的）討論，討論的主題是達利歐的想法與我們的文化。

甚至連我們的營運長愛麗絲都來找我對質，她說：「這種做法太極端了，你不能用管理業務的方式來管理整個辦公室內政。」每當我尊敬的人開口時，我都會聽進去。但是，當我們在處理這個問題的時候，並沒有任何數據或實質證據可以說服我不去追求極端的透明。愛麗絲的論點只有一個：這種做法帶來的變化太大了。不過，我也理解她這種抗拒從何而來，因為愛麗絲在太平洋人壽待了 22 年，她已經發展出自己的一套想法，即一位保險經紀人應該有的模樣。極端透明跟她的想像實在差得太遠了。

極端透明對我來說是沒有任何協商空間的，我告訴愛麗絲，我就是想要不一樣。我對於極端透明感到相當自在，我

無法忍受的是平庸。愛麗絲和財務長伊恩·班乃迪克（Ian Benedict）聚在一起，跟整個團隊一起擬定策略，並提出團隊的疑慮所在。最後，我們做出決定，認為我們需要在尊重跟誠實之間找到一個平衡，同時我依然堅持要做到極端的透明。

■　■　■　■　■

在我成長的過程中不知道聽我爸說了多少遍：「永遠不要畏懼真相。」這句話緊緊跟著我，我也把這個觀念灌輸到我們公司裡。我研究過很多其他組織，並強烈地認為直截了當、忠於事實是非常重要的。

最有名的個案研討是來自哈佛商學院，研究的對象是摩根士丹利（Morgan Stanley）公司和羅伯·帕森（Rob Parson）。當麥晉桁（John Mack）在 1993 年當上總裁的時候，他想要改變摩根士丹利的文化，並擁抱團隊合作，以交互使用客戶的資料進行銷售，讓公司的觸及範圍可以更廣，也減少公司內部的鬥爭。有句座右銘足以表達他的願景：「單純的一家公司」（One-firm firm）。對於各個員工，分別會由他們的主管、同事與部屬來對他們的表現進行 360 度的全面性評價。

帕森就是一個經典例子，他的產能超強，但他是個很難相處的隊友。短時間內，他就把自己業務範圍內摩根士丹利的市占率從 2% 提升到 12.5%，排名也由第 10 名前進到第 2

名。他的同事覺得他很高傲，在他身邊都是如坐針氈、小心翼翼地行事，這對於麥晉桁想要改變公司文化的指令來說，是個相當大的問題。

很多讀到這個案例分析的人都認為，想都不用想，就開除帕森吧。如果摩根士丹利要守住自己的公司文化，那就需要以擅長團隊合作的人為優先。雖然帕森的產值很高，但是他的行為並不符合組織的新任務。

然而，我的看法有所不同。我看到的是一位害怕直截了當溝通的主管。案例中描述道這位主管是如何向帕森提出一些「建議事項」，並希望帕森可以理解他在暗示什麼。帕森的主管失敗的地方在於，他並未直接具體地指出帕森哪裡做錯了，以及如果帕森想要保住這份工作，必須做出什麼改變。問題並不在於摩根士丹利公司的文化，而是在於資深領導團隊中有一個人並未開門見山地跟帕森溝通。

主管經常會害怕誠實地跟下屬說自己的想法。我可以理解主管會害怕傷害明星業務員的感受，不過，直接溝通還是比暗示好。因為沒有直截了當的回饋與極端的透明，帕森對待同事的態度依舊很糟。

當這個主管（而不是帕森）最後被處理掉的時候，在我看來，正義終究得到了伸張。

我的商業原則
- 有些事情是沒有協商空間的，而我也絕對不會妥協。

- 在建立信任之前，用微型管理的方式掌握所有細節。
- 曾經讓我們走到今天的方法，不一定可以繼續讓我們更上一層樓。
- 沒有人的飯碗是百分之百的鐵飯碗，即便是創辦人或執行長也一樣。
- 挑戰彼此，並創造出正向的同儕壓力。
- 超越最好的自己。
- 對待公司的錢，要像對待自己的錢一樣。
- 保持非常開闊的心胸，但不要輕易被說服。
- 抵抗任何讓你想降低期待和標準的誘惑。
- 創造出一個良好環境，不管是在財務上還是專業上，讓團隊都可以被照顧得很好。

除了這些原則之外，我還跟員工分享了其他我不樂見的事情：覺得自己可以為所欲為、抱怨、負面和消極的心態、洩漏祕密、沒有好好照顧自己的健康、八卦，以及接受錯誤的人所提的建議。

建立一套公司的規矩

如果你希望自己經營的公司可以蓬勃發展，那麼建立一套公司的規矩就非常重要。我們經常會聽到「要建立起廣大的人際網絡」等說法，因此可能會忘記最重要的人際網絡就

在自己的公司裡。大家需要有一些界限和分寸，他們需要知道有哪些線是不能踩的。你的規矩可能會包含不可以從同事手上搶生意；或者當老闆提出要求時，絕對要尊重他；或者是，在我們公司以及達利歐的橋水基金公司裡有一條規矩：當有人違背了公司的核心原則，你可以批評他，即便是頭銜比你大、資歷比你深的人也一樣。

我 25 歲第一次管理業務團隊的時候，我們都很努力、花很長的時間在工作，而且都工作到很晚，你知道在一間精力充沛、睪固酮旺盛的業務辦公室裡會發生什麼事吧。這其實也沒關係，只是我們建立了一條規矩：如果你要跟某個人的親戚、下屬或是任何可能會出現敏感狀況的人約會，都必須先跟可能被影響的人說清楚。這當然不是叫你走到一個人面前，跟他說：「嘿，我今天晚上要睡你妹喔！」但是，在跟某位對你的同事而言很重要的人約會之前，你欠他一份禮貌，而且你要得到他的同意。遵守這個規矩，讓我們不會跟其他人結下血海深仇，也避免了製造出那種會毒害工作環境的敵意。

我是個睪固酮很充沛的男人，非常有衝動，所以我沒辦法跟你說自己是個天使。我在 18 到 25 歲之間玩得可兇了，但我有一個規矩：我的私生活就是私生活，而我的選擇不會對公司造成負面影響。我不完美，但我盡可能依循自己的規矩行事。

這個故事發生的那個時期，在我的生活裡所要面對的最

大挑戰，就是我的團隊很愛在週末開派對，我們玩得太瘋了，而事情開始失去控制。15 年後的現在，我是自己公司的執行長，我的規矩變得更加嚴謹，也更具技術性。特別是當大家都有了小孩和伴侶，仰賴著他們的收入爲生的時候，就更需要誠實和正直。

如果你準備要建立公司的文化，那就需要讓大家知道你堅持的是什麼。你要有明確的規矩、一套指導原則，並且要讓每個人都非常清楚觸犯規矩的後果是什麼。

接班人作戰計畫

你還有另一個必須建立公司文化的理由，那就是公司文化會讓每個人都能有所成長，也會讓公司可以更快速擴張。

你的公司越不依賴你，就越有價值；反之亦然。如果公司仰賴的是你的個人特質，那麼公司就沒有退場與變現的機會。

有一家公司很少上頭條，那就是微軟，然而在 2019 年 9 月，它是唯一一個公開發行、市值超過一兆美元的公司（蘋果、亞馬遜和 Google 在其他的時間點，市值也都曾經超過一兆美元）。你注意到這是什麼樣的趨勢了嗎？如果你的腦袋沒有馬上動起來，想到要培養內部企業家並提供認股的條件，那這本書你還讀得還不夠仔細。現在，回想一下，在微軟達到市值一兆的 13 年前，2006 年 6 月 15 日，比爾·蓋茲宣布退位，讓自己更加專注在慈善事業上。

當時，微軟每股交易價格是 23 美元，市值達到 1,760 億美元，換言之，自從蓋茲離開公司之後，公司價值增加超過一兆美元！現在，你還是認為一個組織不可能有著比一位有遠見的領導人更強而有力的文化嗎？如同《巴倫週刊》（*Barron's*）2019 年 12 月 31 日的焦點故事裡所提到的，自從 2014 年 2 月 4 日薩蒂亞・納德拉（Satya Nadella）接任執行長以來，微軟的市值增加了 9.3 億美元。蘋果可不讓微軟專美於前，自從 2011 年 8 月 24 日，提姆・庫克（Tim Cook）接替史帝夫・賈伯斯，成為蘋果的執行長以來，蘋果的股票漲了一兆美元以上。

　　預備方案聽起來很簡單，對吧？但是，有很多創業家都沒做到。他們通常都會過度自信，認為沒有人可以取代自己。很多人都極度自我中心，以致他們就是無法理解，讓自己以外的人來經營公司是怎麼一回事。如果你有這樣的心態，這會讓你握有控制權，同時也會讓你的公司無法擴張。（在消化這些資訊時要把時間點放在心上，因為這些公司是上市公司，因此公司的市值是浮動的。）

　　另一個錯誤是以為那些最關鍵的員工絕對不會離開，或是以為就算有人走了，也可以輕輕鬆鬆將其他人挪到那個位置上。這兩個想法都不對。理想上來說，你要讓目前的員工訓練他們潛在的接班能力；而如果你不想這麼做的話，就需要擦亮自己的雙眼，找到在對的領域具有競爭力、或許可以接班的人。若非從公司裡找，就是要去外面找。如果你對於

團隊中每個關鍵成員的替代人選都有一份計畫的話，那面對任何人出其不意的離開，你都可以有條不紊地處理好。而且，當你很清楚自己已經把接下來的幾步都計畫好了，晚上就會睡得比較安穩。

接班與傳授技能的 6 項策略

1. 列出你的工作與技能。把你的工作和技能一一列出來，並判斷在哪些事情上你是最佳人選、在哪些事情上不是。專注在自己的強項上，找別人替你完成其他任務。

2. 辨別誰是候鳥、誰不是。你不能假設每個人都會永遠待在你的公司替你工作。你需要分辨誰的存在是長期需要的、誰又是那種 6 個月就走的暫時性角色。如果你現在就釐清這一點，那麼等到哪天有哪個位置需要找別人來接的時候，你也就不會意外了。

3. 明白業務人員、內勤、技術以及管理團隊分別使用什麼樣的語言。帶領業務團隊的主管會替公司帶來營收，也會用他們的努力建立起一家公司。有些員工則是被聘來，在後方替業務團隊的努力提供支援。你需要知道這些人之間的不同。高層需要使用賦權式的語言，讓團隊覺得有自主性並受到尊重。

4. 確認誰可以維繫公司的文化。不管是誰替代你的位置，很重要的是，他要融入你所建立的公司文化，如此一來，公司才可以在你離開之後持續成長。

5. 記錄公司的實務做法和作業流程。 你需要拿張紙、拿枝筆，把每個部門的實務做法和作業流程都寫下來。這樣一來，接班人就會有可遵循的說明書，無論他的程度如何，使用手冊都可以把這些具體的技巧無痛且快速地交接到這個人手上。

6. 培養領導人，讓他們把正確的心態傳遞下去。 現在就去跟未來的領導人進行一對一面談（趁他們尚不需要取代某人之前），像打針一樣，把公司需要的心態直接注射到他們的腦海裡。你有意培養領導人的這種心態，也會提高公司的價值。

創業家必須不停地玩這場「換人做做看」的遊戲，把自己一部分的事情交給別人做。在公司剛起步的時候，你會親自處理所有文件，但現在你可以僱用一個人來接手這份工作了；曾經，你會親自處理所有的財務，而現在你可以請一個財務長來做。這樣一來，你就可以挪出時間，專心處理那些對公司來說最重要的事情。

Media.net 的創辦人狄弗陽克・特拉其亞（Divyank Turakhia）38 歲，身價 17.6 億美元。他曾說過：「要一直去思考該怎麼把自己換下來，因為在整個過程中，最有價值的資源就是你的時間。等你搞清楚眞正讓你有熱忱的是什麼東西，只要你持續做下去，就會取得成功，並且還會更堅定地做下去、學到更多。」

摩擦是件好事

有些人會誤會，以為最棒的公司文化就是讓每個人手牽手一起唱著〈Kumbaya〉[10]，大家都相處得很愉快，沒有人會起爭執或是對誰不高興。

回到私人的人際關係上：如果你告訴我，有一對夫婦在婚姻生活中從來不吵架，我就會告訴你這段婚姻告吹的原因。如果你跟另一半從來不會起爭執，那你們兩個人之中，可能有一個已經找到別人來吵架了。

我們在生活中各個面向都需要摩擦，這是健康的，並且會刺激成長、創意與學習。這就是為什麼當公司缺乏摩擦的時候，我就會製造一點摩擦出來，我鼓勵你也這麼做。在我創業之前，還在擔任業務經理時，我推行了一項政策，就是指出彼此的不是。我曾經在大家面前做過一次公開發言，我提到這一點：「你們之中可能有些人會告訴我，你們對某個人很不高興，你們不喜歡他做的事情，你們不喜歡他說的話，夠了，停止！我們建立起的價值和原則就在這裡，我們的規矩也擺在眼前，如果有人破壞了這些價值和原則，你要去指責他們，但是不要來找我。我允許你出言批評，即便那些人比你資深也沒關係，價值和原則是超越頭銜和年資的。」

---

10 譯注：黑人靈魂歌曲，Kumbaya 為 come by here（過來吧）之變體。

在我發表這場演說之後，那間辦公室的同事立刻開始成長。人與人之間的摩擦刺激了成長，你也可以說，我們所創造出的環境是一種正向的同儕壓力。每個人都在對彼此施壓，因此所有人都要盡最大的努力、更有團隊精神，我們要求彼此承認自己該負的責任。

我的意思並不是指大家應該要帶著仇恨、殘忍地彼此撕咬，絕對不是。我說的比較像是在手足之間雖有爭吵，但是心中有愛，而他們的語氣和文字會是像刀子一般鋒利的一針見血。有些時候，一個家庭的家長若是做了糟糕的決定，子女可以指出家長的不是，而職場上也需要這樣的批判。

「嚴厲的愛」一詞裡的關鍵字是「愛」，你必須要夠愛一個人，你們才會有辦法忍受這種不舒服的對話。

■　■　■　■　■

有兩本書可以協助你在面對這類型的討論時，找到勇氣和方向：派屈克・蘭奇歐尼（Patrick Lencioni）所著的《克服團隊領導的 5 大障礙》（*The Five Dysfunctions of a Team*），以及道格拉斯・史東（Douglas Stone）、布魯斯・巴頓（Bruce Patton）和席拉・西恩（Sheila Heen）合著的《再也沒有難談的事》（*Difficult Conversations: How to Discuss What Matters Most*）。蘭奇歐尼的著作聚焦在組織中的政治可能會如何導致團隊的失敗，而《再也沒有難談的事》則是

會一步步指引你，讓你知道該怎麼處理衝突，並提供具體策略，讓你可以用來解決紛爭，把一些很有挑戰性的議題攤開來談。

如果你想要看看「嚴厲的愛」在實務上的案例，可以觀看這支 YouTube 影片：「喬·羅根解說布蘭登·紹布」（Joe Rogan Breaks Down Brendan Schaub），紹布是頂級的終極格鬥冠軍賽的格鬥家，也是羅根十分要好的朋友，紹布在影片裡評論自己最近一次格鬥中的表現。他們來來回回地討論著，這兩個專家在談論格鬥的基礎。羅根說道：「這場比賽有很多部分看起來都很糟……你看起來很僵硬，動作也不流暢……你看起來不像是有好好準備的樣子……你的動作並不像是菁英級格鬥家會有的動作。」

這個時候，你可以看到對話中沒有任何人身攻擊的言論，這些都是在對格鬥的方法和手段做評論而已，這也是紹布似乎被羅根接下來這段評語打擊到的原因：「我很擔心你對於格鬥的付出是否足夠，也很擔心你現在的位置。」紹布試著打斷他：「真的嗎？」羅根繼續說，他認為紹布已經有一隻腳跨出格鬥界的門外了。

紹布：「我不這麼認為。」

「你現在用的這組技巧，坦白說，」羅根說道，「我不認為你可以打敗那些菁英級的傢伙。」羅根問了他的兄弟：「如果你跟凱恩·維拉斯奎茲（Cain Velasquez）比一場摔角的話，你認為自己的表現會怎麼樣？」

「我覺得大家會嚇一跳。」

「我覺得你才會嚇一跳，我是真心的，我認為他完全可以幹掉你……你跟世界上最頂尖的那些傢伙完全不在同一個世界裡，我不知道你有沒有辦法跨越這個鴻溝、進到他們的世界，這就是人生的現實。」儘管羅根給的回饋是如此刺耳，我卻感覺羅根的用心是好到不能再好了。看著一位朋友，當面出言挑戰對方，並道出冷酷的事實，這是需要勇氣的。這段對話還沒結束，羅根說道：「比起他們，我更擔心你……我說這些話的時候，心裡是有愛的，百分之百是出於對你的愛。我說這些不是為了要傷害你，我絕對不會做這種事，要不是我很愛你，也不會願意跟你說這些話，而我一點都不想要這麼做。」

這就是那種很難以啟齒的談話，沒有人說保持極端透明會是件容易的事，也沒有人說過直截了當是舒服的事。但如果隱瞞事實的話，會怎麼樣呢？看著一位親愛的人自我毀滅，而自己完全沒有出手阻止他；或者是，以羅根的狀況來說，看著他的朋友有可能會身受重傷，然後隨著事情的發展，罪惡感也越來越重。

我無法跟你說紹布對於這些資訊有什麼樣的想法。但從他的表情來看，他可能還寧願選擇看牙醫不打麻醉藥，也不願聽到這些批評。然而，就像我之前提過的，你可以選擇簡單的方法，也可以選擇有效的方法；羅根選擇了後者，而紹布會有什麼反應，這就不在羅根的控制範圍內了。

不管是在生活中還是公司裡，直言不諱地面對他人都需要勇氣，也需要技巧。你願意在生活中做到這個地步嗎？撇除生活，如果是在公司裡，你是否會看著明星員工糟蹋其他同事（想想羅伯‧帕森），然後暗自祈禱著他有心電感應的能力，可以自己想通你要表達的意思？

如果你想要毫無衝突的愛，那去養隻狗吧，我就是太渴望這樣的愛了，所以才養了兩隻可愛的西施犬：金寶和庫奇。假如想要建立以原則為基礎的成功文化，那你不只要學著如何欣然接受摩擦，還要學會怎麼製造摩擦。

在背後議論別人

你的父母可能跟你說過：「不要在朋友背後議論人家，這樣很糟糕。」你父母說得沒錯，這樣做的確很不好。但如果你想要獲得成果，這可能是個致勝的戰術。

卡內基在《讓鱷魚開口說人話：卡內基教你掌握「攻心溝通兵法」的 38 堂課》（*How to Win Friends and Influence People*）談到如何替別人製造出一種名聲，進而促使這個人去達成別人對他的這種期待，有些人稱之為建立認同。如果你經常稱讚一個人擁有某項技能或是人格特質，那個人就會更頻繁地展現這項技巧或是特質，也就會得到更多稱讚，而你對他的稱讚，就會成為他人格的一部分。

假設我有一位員工名為加瑞特，而我跟另一位員工露依

絲說，加瑞特對於別人提出的要求，後續的執行和跟進都做得很好，從來不會失誤，對於指定的任務也都很負責。而露依絲則會一直跟其他人說起我跟她說過的、關於加瑞特的這些事情，到最後加瑞特也有所耳聞。

當加瑞特聽到我跟露依絲說的話，獲得賞識會讓他很興奮。我喜歡把這想成是一種正向的摩擦。面對像加瑞特這類型的人，你可以直接稱讚他這樣做很好，但如果這些正面回饋是經由其他員工傳到他耳裡，就會更有分量了。加瑞特會知道老闆對他的能力讚許有加，而且他的同儕也都知道這一點，如此一來，加瑞特跟我之間的關係，還有加瑞特和公司之間的關係都會更緊密，接下來，加瑞特也會更有自信與動力繼續向前邁進。

你可以用這套方法解決跟員工有關的問題。誰很有才能、但不夠積極或是缺乏自信心？你是不是曾經試著想要鼓勵那個人，讓他成為一名很厲害的談判家，但卻失敗了？假如你要跟其他員工提起這個人的正面事蹟，你會說什麼、會怎麼說？等個幾天，看看會發生什麼事。一直以來，你都在嘗試理解要在什麼時間點激勵員工、要怎麼激勵員工，才能帶來實質且長久的影響，現在你終於知道該怎麼做了。

養成習慣，在團隊夥伴背後說他們的好話，而且不是偶一為之。如果你不這麼做的話，職場就會缺乏摩擦，而這種摩擦會帶來有創意的方法，讓你可以解決問題，也會帶來正向的同儕壓力。不要讓機會和運氣來負責製造這種摩擦，你

要創造出這個文化，而且你自己也要四處散播大家的好話。

■　■　■　■　■

在本章開頭，我們把公司集團的文化跟宗教做了一番比較。我們學到光是擁有好點子和好人才是不夠的，就像在一個家庭裡，光有愛也是不夠的，你需要有原則，你必須把這些原則白紙黑字地寫下來、反覆重申，並用實際例子來證明你是認真的，同時也要用實例展現你是真的崇尚這些原則。

我希望微軟的案例研究，會給你一兆個理由，將公司文化視為重中之重。這是公司擴張的關鍵，也是讓公司變得比較不依賴你的關鍵點。如果你首要的目標是人人都很愛你，那你就入錯行了。要進行令人難以啟齒的談話需要勇氣，如果對於自己的原則，你的信念夠堅定的話，就會找到維持極端透明所需要的勇氣，以及其所帶來令人驚豔的成效。

第 8 章

信任＝速度：可信度的力量

　　對彼此認識得越深，就越了解彼此在想什麼，在球場上也能更快在彼此之間建立起信任和信心。

　　　　　　——湯姆・布雷迪（Tom Brady），美式足球傳奇四分衛

　　■

　　我在做的是「對未來有所預期」的生意，屬於人壽險產業。之所以會有人壽險，並不是因為大家明天真的就會死，而是因為當他們離開的時候，如果沒有事先做好準備，他們的家人會很辛苦。所有的合約都是對未來的一種預期心理，我被敲過太多次竹槓、也被人騙過太多次了，這讓我學會去預想未來會發生什麼問題的重要性，而且各式文件和控管機制都要到位，才能在面對未知事件時有所防備。

　　我並非對人性感到悲觀，然而，對於協商合約時的種種細節，我是抱著相當實際的心態。約翰・邁克菲（John McAfee）是一位古怪的軟體創業家，他曾經說過，當一位士兵被俘虜的時候，真的會揭露出他被委以重負的所有祕密，

甚至在酷刑之下，他連自己的母親都會出賣。或許不是人人皆如此，但我認同，當創業家對任何一位團隊成員產生信任的時候，都需要謹慎爲之，尤其是其中涉及一些資訊，可能會傷害到、甚至會毀掉整間公司。

信任並非是單一維度，而是具有多維度的。你可以信任團隊中某個人，讓他去處理業務方面的事情，但不能把人資管理交給他；你可以相信某個人，讓他知道你最近有什麼計畫，但卻不能向他透露你對未來有哪些策略。信任是很微妙的，例如，我非常信任我的敵人，我相信他們一定會杜撰一些故事，企圖將我逐出業界、讓我關門大吉。

有鑑於信任對於速度的影響非常大，我們同時也需要問：速度爲何如此重要？答案幾乎明顯到沒有必要回答。若說速度就是一切，應該也不算誇張，不管你賣的是產品或服務，生產要快、運送要快，從銷售到收款也要快，時間就是金錢。你做每一件事情的速度，都會對你的公司造成全面性影響。

要讓一架波音 747 離地、起飛，飛機必須加速到 160 節（時速約 296 公里）；就像飛機需要達到一定速度才能起飛一樣，創業家的行動也要夠迅速。如果飛機沒有創造出一股動量，並長時間保持住這股動量的話，飛機就會墜毀。飛機需要速度、燃料，也需要對的飛行員來引導它抵達目的地。一架飛機跟一家公司之間的相似點在於：

速度＝氣勢與衝勁

燃料＝金錢／資本

飛行員＝創辦人、創業家、執行長

　　一旦你理解速度為何非常重要，馬上就能理解為什麼對於速度來說，信任是一件舉足輕重的事。試想，如果你得先填寫一張又臭又長的信用額度申請書，才能走進一家餐廳、坐下來點餐；試想你需要先拍一張警察逮到嫌犯後會拍攝的面部照片、還要先按好指紋存檔，才能走進超商買一杯思樂冰。就算是現在想買咖啡，必須親自進入店裡、跟店員對話，這個流程似乎都是一件很麻煩的事情了。簡而言之，之所以要發展出信任關係，原因就在於，讓事業的每個環節都可以加速進行。

我愛你，但請先簽婚前協議書

　　我看過很多人結婚。一開始一切都很美好，當你看著這些才子佳人，你會拍胸脯保證他們會永遠永遠愛著彼此。你絕對猜不到有一天他們會開始彼此憎恨，並且決定要離婚。

　　到了那個時候，雙方都會聯絡律師，而本來就已經很糟的情況，就會變成糟到不能再糟（如果你是用憤怒程度、壓力等級和所花費的金錢來計算的話）。律師常常會挑起先生和太太之間的衝突，讓緊張的局面更加升溫，好提高自己收取的費用。對律師來說，一個充滿火藥味的法庭也等於可以

賺到更多的錢。到了最後，夫婦雙方不管是在情緒面還是財務面都會被消耗殆盡。

然而，事情並非一定要發展成這個局面，在結婚之前，你可以對你的準配偶說：「我愛你，但我們不知道 5 年、10 年、15 年後自己會是什麼狀況，我們要帶著最美好的期待，做最壞的打算，也就是說我們現在就先釐清，要是最糟的情況——離婚——發生了，財產、小孩還有其他種種該怎麼處理。」換句話說，「我們先計畫接下來五步要怎麼走」。

我跟珍妮佛（這個後來成為我妻子的女人）約了幾次會之後（這發生在那趟夏威夷旅行的很久之前），我們去書店買了一本《訂婚前要問的 101 個問題》（*101 Questions to Ask Before You Get Engaged*），其中一個問題是：你想要幾個小孩？我回答 5 個，我太太說 3 個；最後我們生了 3 個孩子，而現在看來，3 個感覺相當完美。我們在這一點以及其他議題上都達成了協議，我和太太各自在某些事情上有所妥協。

我們先談過婚姻裡所有重要的議題，並達成協議。婚前協議很適合用來釐清離婚時的安排，不過，對於還在婚姻狀態下的夫婦也相當有價值。事先討論過關鍵議題，如此一來，不管你面對的是哪種長期關係，在那些關係緊張的時刻，都可以遊刃有餘地找到方法來解決。

有些創業家會驕傲地說：「我不需要合約，我們握個手就代表成交了，我說的話就是合約。」如果另一方也跟你一

樣誠實直爽的話，那很棒。但是很不幸地，並非事事都能如此。生性浪漫的人可能會表示抗議，認爲簽定合約的行爲，等於是在說你有想要違反約定的計畫。然而，務實的人則認爲，所有聰明的業主都理解合約的概念：預備方案。在做生意的時候，你會與很多人建立關係：員工、合夥人、投資人、供應商、顧問。你們可能都深愛著彼此，但如果沒有正式協議的話，你們就是在自找麻煩，替自己招來那種高度爭議的離婚中會出現的壓力和財務損失。

當你僱用一個人時，要用文件記錄所有的事情：行爲守則、股份所有權、薪資、授股生效日、試用期。如果沒有記錄下來，假如你們遇到衝突，就不會有可以執行的計畫。在點頭同意任何重大交易之前，你會希望在下列這幾項上皆已達成協議：

1. 責任上限：我們最多禁得起多少損失？
2. 補償條款：你不能告我。
3. 合約期限：結束，就是結束了。

讓我們回到婚姻的比喻：人們之所以會結婚，是出於情緒所做的決定，而離婚則是根據邏輯所做的決定。說得更具體一點，兩個人相愛的時候，會認爲愛可以克服表面之下一切暗潮洶湧的問題；他們不會理性地衡量跟一個人結婚的優缺點分別有哪些。然而，當兩個人離婚的時候，即便中間顯

然也有很多的情緒，但是這個過程比起結婚更合乎邏輯：他們會爭論著自己想要什麼、願意給出什麼。雙方律師則是堅持把情緒的問題放在一個認知框架裡，一切都關乎數字：你的小孩有多少個週末跟你過、多少是跟你的伴侶一起過？你會提供多少經濟上的支援？財產怎麼分配才合理？

在公司裡也一樣：你愛上了一位前來應徵工作的人、一位投資人或是一個供應商，又或者是一位顧客，然後你想著：「就是他了，我要跟他一直走下去，直到永遠。」我曾經有很多次對一位新員工感到興奮不已，然而幾個月或是幾年過後，我發現自己搞砸了，這種狀況在我身上發生的次數多到數不清。每次只要沒有把這段關係的相關安排做成文件記錄下來，分手都會分得很不乾淨，壓力也很大。

有一位投資人跟我說過：「我們才剛給了你 1,000 萬美金，如果你死了怎麼辦？我們希望自己的手上有一份以你為標的、價值 1,000 萬的人壽保險。」我並沒有因此不高興或是抗議自己健康得很、目前也沒計畫要自盡。我意識到他其實是在告訴我：「我愛你，但請先簽婚前協議書。」所以我也很樂意聽到他這麼說。

不要只問表面的問題，要去探究表面之下有什麼

很多人會說我的要求很多，大家在形容我的時候，常常會出現「嚴厲的愛」這句話。在你真正喜歡上一個人之前，

得先知道他或她是誰。我相信，作為一個領導人，我與眾不同的特點，就是我真正想要了解他人的那種欲望，而我採用的方法是問出對的問題，並且讓大家對自己的答案負起責任。

我最近接到一通電話，是前同事打來的，他叫做丹尼。他說：「你都不知道這 10 年來我有多不想打電話給你。」我感到很好奇，想知道這段對話會往什麼方向發展下去。我在當業務經理時，對丹尼特別嚴厲，他就是那種頗有天分的傢伙——有腦袋、有魅力、有生存所需的精明和智慧。他也是非常討人喜歡的人，所以不管發生什麼事情，大家都會放他一馬，因此他很容易妥協，表現也就不太突出。

我曾經問過丹尼一個問題，對其他每個人，我也都會問一樣的問題：「你想要成為什麼樣的人？」丹尼的志向相當遠大，他常常會談到想要讓父母生活無憂、可以退休。他可能表現得很愛玩，但當我們見面認真討論，他談到他所想要的人生格局是很大的，而我也知道他擁有所需的資質。所以，只要他沒有拿出最好的表現，我一概不接受。如果因為如此，導致我在他的眼中是個難搞的混蛋，那就這樣吧。

我們在電話裡聊了彼此的生活近況，接著，我可以聽出他的情緒有點上來了，丹尼說道：「我記得你以前老是這樣說：『你暫時會恨我，但是長久來說，你會愛我的，因為沒有人會像我一樣推著你前進。』」

「我當然記得，」我說，「我說過這句話好幾千遍，而且也不只對你說而已。」丹尼和我回憶起我之前對他有多嚴

屬，以及他當時有多受不了我，他坦承他甚至曾經把我的照片印出來，貼在飛鏢的靶上。

只要是曾經替我工作過的人，我都記得他們所有的一切；我記得他們的故事，因為我在乎他們。丹尼說道：「派崔克，我要跟你說一件事。」他沉默了一陣，我聽得出來他在哭，他繼續說道：「我現在當上了銀行的總裁，也結了婚，我的快樂幾乎無法言喻，我的年收入有數十萬美金，而我今天就是要告訴你，我在擔任領導人這個角色時運用的所有東西，都是在與你一起工作的時候學到的。」

他並非唯一一個眼眶泛淚的人，這就是那種會讓人難以言喻的時刻。說到延遲的滿足啊！我花了 10 年的時間才發現，這樣給丹尼壓力、推著他前進、只接受他最好的表現，終於替他帶來了回報。這也再度提醒我，為什麼我願意短暫地被別人憎恨，即便這個「暫時」持續了整整 10 年。

聰明的薪酬結構和獎勵旅遊能夠發揮的效果很有限，但是，當你打動人心的時候，這些人會願意替你移山填海。而要打從心底打動他們，你必須花時間去理解他們、去了解他們最深層的信念和渴望。

也就是說，你要從表面再往下挖：你的員工，喬，喜歡釣魚；你的顧客，貝琪，相當沉迷《權力遊戲》。你會想要知道哪些東西會讓他們心動。我會盡可能去了解團隊成員，主要是我會問很多問題，以找出他們內心最深層的想法、弄清楚他們是什麼樣的人。我用這種方法，避免自己太快做出

錯誤的結論，也可以讓我理解到有哪些東西會給他們動力、他們的目標是什麼，以及他們喜歡用什麼樣的方式工作。當你用問題來推著大家前進，可能會觸碰到一些敏感的神經，沒關係，這就是你認識他們的方式，當他們情緒上來的時候，就會把自己平常可能隱藏的部分展現出來。

如果我不知道大家究竟是誰，就無法領導他們，我需要知道他們的背景、知道他們在成長過程中，有哪些事影響了他們；同樣的，團隊也需要知道我是誰，我希望大家能夠了解我真實的故事。我是個來自伊朗的傢伙，曾經在地獄裡走過一遭，還有我的動力是來自於那些讓我覺得「去你的」的人，而他們的聲音直到現在依然言猶在耳。

這一切都回歸到提問的意願，不只是大家預料之中的那些問題，像是「你喜歡上一份工作嗎？」那種；還要有可以探測、鼓勵大家顯露出更深層內心的問題。你必須進行深度提問，以察覺到一個人真實的模樣，你透過這些問題所獲得的知識非常有價值，因為這些知識會讓你有辦法事先預想到好幾步之後的行動、有辦法設想這個人適不適合你的作戰計畫，這些資訊也會讓你有辦法建立成功且能長期維繫的人際關係。如此一來，你所發展出來的信任會更加強烈，接著，你就能擁有速度。

信任是一個鐘擺

一般來說，創業家會從信任移動到不信任再回到信任，

並且是按照一套可預測的模式。清楚辨認這種模式是會有回報的，因為這會讓你決定團隊可以有多少空間和自由。

當你剛僱用一個人時，你不會很願意信任他們，而且你會非常想要用微型管理的方式去管理他們的工作；等他們工作了一陣子、事情也做得不錯之後，你對他們的信任就大幅提高，微型管理的可能性也降低很多。

在某種程度上，這種類似鐘擺的模式很容易理解，但你需要意識到你現在正往哪個方向擺動，如果你沒搞清楚這一點，那些覺得工作令他們窒息的員工就可能會有這樣的反應：「如果你不信任我來做這份工作，那為什麼不另請高明？」或者是，你可能會誤信一個老員工，但他是那種常常錯過期限、無法達標的人，當事情發生之後，你會對他很不滿。然而你真正應該不滿的對象是你自己，為什麼呢？因為你沒有僱用對的人，或者是你沒有讓他負起應負的責任。

可靠與否是信任的關鍵。過了一陣子之後，大家會累積起自己的戰功紀錄，如果這份功勳簿顯示出他們會持續交付他們所承諾的結果，那你就可以更放手一點，讓他們獨立作業，因為你已經建立起信任感了。

四種程度的信任

創業家被人背叛的時候，常常會認為自己是受害者，他們可能會以為自己可以信任某個人，但接下來就出事了：一

位顧客並未真的送出那張他當初承諾會有的大型訂單；或是一位事業夥伴在一筆交易上背棄信用。創業家會把錯歸咎於這些人身上，怪他們說謊或是欺騙自己，這些企業家會說出「這就是為什麼我們成長的速度沒有發揮出原本應該要有的潛力」或者「我們陷在一個洞裡面，因為喬沒有做到他答應的事情」這類型的說法。

別這樣，不要扮演受害者，商業的世界很嚴峻，大家不會總是公平競爭，有些人可能就是徹頭徹尾的無賴，有些人可能只跟你說你想聽的話，但實際上是說一套做一套，而這對他們來說並不構成問題。如果你讓他們騙到你，那麼這個責任是在於你自己。你沒這麼笨！事實上，你要有能力釐清，你要給每個人多大程度的信任，不管是顧客、員工、事業夥伴或是供應商都一樣。做法是這樣的，首先可以按照下列這四種程度的信任來區分你身邊的人：

- 素昧平生的人
- 別人認同的人
- 信任的人
- 競選夥伴

當你跟一個人完全沒有任何相處經驗時，請把他分到**素昧平生的人**這一類，他們乍看之下可能很值得信任；他們很迷人、很友善、口齒伶俐，你一看就很喜歡、很信任他們。

但是要記得，即便是反社會人格的罪犯都可以獲得別人的信任。經驗是最好的老師，如果你沒有親自跟某個人相處過，或者你完全不認識那些曾經跟他一起工作的人，那你就要把這個人歸類在素昧平生的類別，而且在對他有更多的認識之前，都不要信任他。

別人認同的人這個類別是針對那些帶著過去功績而來的人。他們是由你所信任的人推薦而來，或者擁有一份履歷，可以展現他們確實有能力、也可以交出自己所承諾的成果，但你還是需要保持謹慎，因為履歷可以含糊其辭，而推薦則可能呈現出偏誤或是某人不願百分之百的誠實以對。不過，這個類別的人還是比較有可能是值得你信任的。

那些可以被**信任的人**，是你跟他們實際相處過的人，他們用某種方法展現出忠誠、誠實和可靠，他們比那些獲得別人認同的人更加值得信任，因為你親眼見證過他們的美好人格特質，而不只是從別人那兒聽來的二手資料。

第四個類別是**競選夥伴**，這是最高的等級，在這個類別裡不太可能會有一個以上的人，他等於是你職場上最好的朋友。當你遇到問題或是機會時可以打電話給他，而他會立刻問：「那我可以做些什麼？」在你遇上麻煩時，如果需要有個人把你拉出來，他也會傾全力相助。

先別急著因為自己缺乏一位競選夥伴而感到絕望，也別急著開始尋找，首先，你要認知到一件事：需要時間和經驗才能找到一位競選夥伴。我是經過多番奮鬥之後，才找到我

的競選夥伴，我是吃了苦頭才學到哪些人可以信任，以及哪些人可以獲得絕對的信任。我已經在心裡發展出一套衡量的系統，但是在那之前，得先要有被背叛的經驗。

你還要認清另外一件事：當你越成功，能信任的人就越少。如果你讀過一些勵志書籍或是聽過勵志演講，那你可能已經被灌輸了很多宣傳辭令，例如，應該要發展出一大張的人脈網絡，裡面要有一大群可信任的人。如果你是顧問，或許這一點真的沒錯，但如果你是在經營一家公司，那你就會跟我一樣先吃足苦頭，才會學到並非每個人都值得信任；而且，就算是你信任的人，也不能給予每個人同等的信任。如果你去跟任何具有足夠實務經驗與知識的創業家談談，就一定會聽到這種故事：他們信任的將官背叛了他們，或者是，他們視為家人的員工收到其他好的工作邀約之後立刻開溜。還記得唐尼‧布拉斯科嗎？

別想著身邊要有一堆可信任的人跟你一起共事，而且還都是你可以把自己的命交到他們手上的那種。你應該要預期的是，把每個人歸類進這四個層級裡，一旦你這麼做之後，引火上身的可能性就會降低許多，也會對於自己可以相信誰、可以多麼相信他們，有比較清楚的概念。

學會每個人的愛之語

有一個男人，他簡直等不及要跟太太說自己有多愛她、多欣賞她。今天是他們的結婚 10 週年紀念日，所以他盡可

能省吃儉用，存錢買了一副鑽石耳環送給她。他把耳環包裝得很雅致，而當她打開盒子的那一瞬間，他如坐針氈，等著看她整個人的表情亮起來，感謝他的大方、愛與關懷。但是，當她終於打開盒子的時候，她幾乎沒有任何反應，這並不是他所期待的。她這種無動於衷的回覆，反映了她的不知感恩與輕蔑。她怎麼可以這麼不領情？他終於開口問她是哪裡有問題，她說：「我不知道跟你說過多少次了，我不在乎物質。為什麼我們從來都不去野餐呢？」

若想更加理解這兩人之間的互動，我推薦你閱讀蓋瑞‧巧門（Gary Chapman）的著作《愛之語：永久相愛的祕訣》（*The 5 Love Languages: The Secret to Love That Lasts*），這本書真的是精彩絕倫。愛的五種語言指的是我們給予和接收愛的方法，分別是：精心時刻、肯定的言詞、禮物、服務的行動、身體的接觸。在上述例子裡，男人用的語言是禮物，而他的太太一直以來都在告訴他，她比較喜歡精心時刻。

在一段人際關係裡，不要再管「己所不欲，勿施於人」的道理了，把這句話換成「人之所欲，施之於人」，這在公司、家庭、朋友之間都適用。我選擇格雷格‧丁金（Greg Dinkin）作為本書的合作夥伴，原因之一就是，當我在面試他時，他不停地談到曾經替銀行高層舉辦過一次工作坊，在其中，他要求他們進行「愛之語」測驗。其實，我也推薦你上網去做免費的測驗，並邀請你身邊親近的人也去做這項測驗。

不要再問這個問題了：什麼東西會讓大家產生動力？你應該要問：什麼東西會讓這個人產生動力？不管你是選擇拿一些敏感議題或是愛之語，作爲稜鏡去解析一個人，你都要花時間去理解，對於每個不同的人而言，什麼東西會是最有效的。**我們每個人的動力來源各不相同。**

你必須知道是什麼事情會讓大家有感覺，如果你有在注意，就一定找得到。我認識一位執行長，他們公司最頂尖的業務人員的年收入是 825,000 美元。結果在他賺最多的那個月分過後，他跟他的老闆說道：「你甚至連一通電話都不打給我！」根據他的說法，很明顯的，他想要獲得賞識和感激。他也表達了想要透過何種方式獲得賞識和感激，對他來說，可以傳達愛的語言是肯定的言詞；假如他說的是：「你甚至連一頓午餐都不帶我去吃。」那麼他所傳達的，就是他想要跟對方好好相處、擁有一些精心時刻；如果他要求的是一支勞力士手錶，那意思就是他想要獲得禮物。

你想成爲一位絕佳的領袖嗎？那就要讓大家看到你會花費時間與心力去了解他們想要的是什麼。我們大部分的人經常會犯一個錯：用自己喜歡接收的方式來傳達對他人的愛與感謝。如果你喜歡被稱讚，你可能也很擅長稱讚別人；如果你屬於「有錢好辦事」的人，那你大概會提供很棒的薪酬計畫。你將會發現一個眞相：團隊裡的每個人，動力的來源都不一樣。

有一部分的人會有一些很概略的說法，像是「每個人都

喜歡被重視」或是「獲得認可是人類的重要需求」，這些人說的方向是對的，但你需要追求更高的層次，方法就是具體知道要如何展現出重視和認可。身為執行長，我知道哪些人需要一對一面談的時間，誰又需要公開的讚美；身為一位父親，我知道哪個孩子會因為得到關愛、哪個孩子會因為稱讚、哪個孩子會因為擁有寶貴的相處時間而有所成長。

即便我知道這是正確的做法，我也不會總是記得要執行。要回應這些需求，並且使用你所愛的人理解的愛之語來表達，並非易事，尤其是當你正在經營一家不小的公司，又有一個家庭要照顧的時候。有時候可能會感到很難承擔這麼多事情，畢竟我們都只是人類。

我讀過一本書：《幸好今天星期一：如何不因事業成功而毀了你的婚姻》（*Thank God It's Monday: How to Prevent Success from Ruining Your Marriage*），我覺得這本書很有道理。作者是皮耶·莫內爾（Pierre Mornell），他曾是一位婚姻諮商師，但在做了 20 年之後，他發現對那些他提供諮商的家庭來說，最有用的解決方法是：每天給你最親近的每個人 5 到 15 分鐘，在這段時間內，把注意力完全集中在他們身上。我並不是建議你把這套方法用在每個人身上，但是你旗下那些關鍵的領導團隊和明日之星，可能比你所想的更需要與你一對一相處的時間。用電話會議或視訊會議來培養未來的領袖很簡單，然而，沒有什麼方法比給予他們全副的注意力來得更有效。

在接觸每個人時，你要問自己的問題

1. 什麼會讓這個人有感覺？

2. 這個人想要用什麼方式被愛？

3. 什麼會讓這個人覺得受到重視？

4. 要展示出自己在乎，最有效的方法是什麼？

5. 什麼樣的行動最能夠準確「打中」這個人？

創業家的九種愛之語

要記得，信任等於速度，信任的程度越高，速度就越快。讓大家知道你在乎他們，會讓他們表現出自己最好的一面。他們也會因此變得更加可靠，公司各個層面也會動得更快。就像是人與人的關係裡有五種愛的語言一樣，創業家也要學會說九種愛的語言來跟團隊成員溝通。

1. 我們需要你：將責任交付他人，是你展現你需要他們的一種方式，有些人是需要「被需要」的。在運動賽事當中，教練可能會去找一位還沒有表現的球員，跟他說：「沒有你的話，我們是得不到冠軍的，我們需要你來撐過這一局，我們需要你。」也有人不在乎是否被需要，他們越是感覺到有人需要自己，就越會濫用這段關係，他們可能會說：「哦，你需要我！沒有我的話，你什麼也做不成。」

當史蒂夫・科爾（Steve Kerr）接手成為金州勇士隊的

教練時，安德烈·伊古達拉（Andre Iguodala）已經開始了連續 758 場的比賽。科爾希望伊古達拉這個全明星級的球員，以替補的身分下場打球。大部分球員都會認為這是降級，但科爾說服伊古達拉的方式，是對他說隊上有多需要他：現在需要一個亮眼的替補球員上場、二軍需要一個人來帶領、現在需要一個還沒下過場的球員來防守對方的王牌球員。科爾當教練的第一個賽季，勇士隊不只拿下 NBA 冠軍，伊古達拉也成為 NBA 歷史上第一位，並未在全部比賽中打先發、卻獲選為 MVP 的球員。這件事情也顯現了我們先前所談論的：如果你給別人一個名聲，促使他們的行為符合這樣的名聲，他們通常就會去做。

2. 賞識：如果你去看看那種停滯不前的公司，你會發現在這些公司的文化裡，並不包含賞識的成分。到處都是壓力、壓力，還有壓力。杜克大學的行為經濟學與心理學教授丹·艾瑞利（Dan Ariely）進行了大量研究，證明很多公司都高估了金錢激發動力的影響程度。用現金的加給來激發大家的動力，會讓人覺得他們好像是收受賄賂才願意做自己的工作。根據艾瑞利所言：「這種做法所傳達的訊息是：你知道自己該做什麼，但你對它興趣缺缺。」比起使用具體方法讓每個人都可以有「感覺」，這種給獎金的做法完全是背道而馳。

你可以跟團隊成員相處得很愉快，特別是那些受到賞識就會快速成長的內部企業家，當你對這類型的人表達賞識

時，要再加上一些有你個人特色的修飾。例如，我之前送給一位資深副總裁一支 1984 年奧運的火炬。我還曾經送出賽車手艾爾頓·冼拿的安全帽給一位副總裁（當時我們公司正在研究冼拿的心態和思維）；也可以是麥可·喬丹的簽名鞋、客製化的精品包。有時候，也可以是一塊掛在牆上的匾額，如果他喜歡聽到別人對他表達肯定的言詞，那麼最重要的就是這塊匾額上寫了什麼。

有些人可能會說：「我不需要獲得賞識。」這麼說的人其實需要雙倍的賞識。他們否認自己需要賞識，其實是一種偽裝。他們不敢付出努力，因為可能會無法獲得自己所期待的賞識。無論一個人看起來多麼有自信，都還是需要獲得賞識。

3. 稱讚（三種不同類型的稱讚）：稱讚一個人有三種不同的方法，在決定選哪一種之前，要先了解這個人。我在此要不停地提醒你，可以觸發每個人反應的都是不一樣的議題。

(1) **私下稱讚**：第一種是私底下的稱讚，可以是在用餐時或是某些不經意的互動時稱讚對方，也可以透過文字、電子郵件、Slack 通訊軟體來稱讚對方。稱讚可能會類似這樣：「我只是想要讓你知道，你成長了很多，我想要表揚你。我看見了你所投入的努力以及你是怎麼進步的，這些我都看得一清二楚，謝謝你。」

(2) **公開表揚**：這個類別是公開的讚賞，此方法在那種喜歡獲得公眾關注的人身上最有用。你可以在會議中特別提

到他們，讓他們的貢獻受到特別的關注。

(3) **在背後說人家好話**：最後一種稱讚是在背後稱讚他們。當那個人不在場時，你跟其他人稱讚這個人，就是在背後說人家好話。我之前解釋過在人家背後談論別人的力量。再說一次，你要先去了解那個人，才能成功地運用這種方法。

4. 清楚的方向：團隊需要從你這裡得知一個清楚的方向，當你說出：「你做得到的，就做吧！」這並不是一個有效的說法。他們需要聽到你說：「我需要你在這個時間點之前做完這個、這個，還有那個，你做得來嗎？」一般來說，你不會想要一次交代一個人超過三件事，不然他們會覺得難以負荷，但重點是有很多人都喜歡別人告訴他們要做什麼。

對於這類員工來說，你需要明確說出可交付的成果是什麼，並給出明確的時間軸，還要達成口頭上的協議：「約翰，你要在今天下午 4:45 發一封簡訊給我，跟我說 3 個不同賣家的名字和電話，這樣夠清楚嗎？」這種說法比「研究一下再告訴我」有效多了。

5. 願景：大部分的人都不是很有遠見的人，當他們忙著撲滅眼前火苗的時候，去設想未來的事情並不是很自然的舉動。然而，他們需要聽到你談論未來和願景。偉大的領導人會一直向大家推銷未來的願景，關於我們將往哪裡去、將會發生什麼事情；偉大的領袖會去談接下來要做什麼事情，他

們會告訴大家：「我們最輝煌的日子還沒到呢！」員工需要知道他們的領袖就像一位行家一樣，正指引著他們往對的方向前進。你需要替大家描繪出未來的圖像，特別是當他們正忙著一些苦差事的時候，你需要讓他們有感，並創造出一幅視覺的圖像，讓他們看到自己是為了什麼而努力。

6. 夢想：大家都想知道自己的夢想要怎麼成真。他們需要有辦法理解自己今天在做的工作，會如何幫助自己完成夢想。如果你想要讓別人有所啟發，那麼面對需要聽到夢想這個語言的人，就一定要常常跟他們提到夢想。

接下來最後三項比較像是指令，而不是瞄準哪個人的愛之語。我把這幾項放到這份列表裡，是因為它們依然屬於同樣的類別：理解他人。使用能夠帶出大家最佳表現的方式來進行溝通，最終就能創造出信任。

7. 參與：你要常常向大家徵求意見，請他們給予回饋。經常詢問大家認為你接下來應該做什麼。大家想要參與你正在進行的事情，而且希望自己的聲音能被聽到。如果你請大家提出自己的想法，卻從來不把這些點子付諸實現的話，他們會說（大部分都是暗自想著）：「那我幹嘛把點子告訴你？反正你從來都不做，只是在浪費彼此的時間而已。」如果你只是提問而非真正去傾聽，這種做法是有危險的。

8. 挑戰：偉大的領導人總是在挑戰大家——私下挑戰、公然挑戰、在別人背後挑戰。如果我看到一個人先是有點疏

失，而後又有所進展，我就會把他拉到一邊，然後說：「聽好了，我希望你知道我看到你現在大有進展，我替你感到興奮，但也希望你不會再犯錯，並持續專注下去。」

當我公然挑明某件事，通常是爲了處理得意自滿的問題：「我知道你們曾經有過更大的夢想，我以爲你們想要擁有更偉大的成就，如果你現在一個月可以賺 20,000 美金，那爲什麼不能賺到 40,000 美金呢？你們覺得安逸了嗎？肚子填飽飽了嗎？你們什麼時候達成財務自由了，我怎麼不知道？我們又是什麼時候已經達到終極目標了，我怎麼也不知道？我們的表現爲什麼會變成這樣？我們現在做這個是爲了什麼？」

9. 聆聽：最後一種語言其實不是一種語言，而是要你閉上嘴巴，好好傾聽。很多人都喜歡談論自己或是經歷過的事情，因此要做到這一點並不是那麼容易，尤其是對於一位沒耐心的執行長來說。但傾聽是一項很關鍵的技能，有時候這指的僅僅是要你坐在那邊聽一個人把話說完而已。在我指導過的領導人中，有些人會想要打電話給我，整整 40 分鐘說個不停。我讓他們說，而我則是傾聽、傾聽再傾聽，同時做些筆記、給他們回饋，而不是接了電話後就關成靜音，轉而去做其他事情；我是真的在聽，然後我會說：「關於你 15 分鐘前提到的那件事，你對此有什麼想法？」

你需要傾聽，並展現出真摯的關心。其實不管是哪一種愛之語，你在使用的時候都需要真誠以對。大家分辨得出來你是不是演的，如果你不真誠，大家都看得出來。當你用一

個人的愛之語來跟他談話的時候，他就會覺得被重視。

．．．．．

在體育賽事中常會聽到一個說法：速度是教不來的。你可以教別人怎麼利用速度，但速度就是你要嘛有、要嘛沒有，你只能一點一點地讓速度變快。然而，在商業上，你絕對有辦法改善速度，你必須強硬且持續地增加速度。商業上每個環節，從辨認趨勢到觸及顧客、乃至配送產品，都要仰賴速度。

你可以使用信任等級來過濾你對信任的評估，以了解某個人或某種狀況下的細微之處。你這麼做的目標，是為了要全面提升公司的速度。

你要好好想、慢慢想：你要相信誰，以及為什麼？約翰的信任等級是陌生人還是競選夥伴？根據他的等級，你願意把公司的重責大任託付給他嗎？或者是，不管有多重要，只要你指派任務給他，就必須緊緊地看住他？你要去回應這些問題，也要回應其他問題，然後你就會發現你能精準釐清自己要信任誰，以及不要信任誰。

建立信任的目的是創造速度，分析型的人通常都會忽略這一點。他們還會忽略另一點：建立信任的關鍵就是訴諸人性。當大家知道你把他們當作有血有肉的人來看待，而不僅只是一名員工，信任就會開始萌芽，速度也會開始加快。你

要理解他們使用的是哪一種愛之語，以及什麼樣的事情會讓他們有感覺，這些是向他們展現出你真正在乎的關鍵。

徹底掌握
擴張的策略

第 9 章
擴張的目標是指數型成長

面對一支由一群獅子所組成、一隻綿羊領導的軍隊，我無所畏懼；面對一支由一群綿羊組成、一頭獅子所領導的軍隊，我戒慎恐懼。

——亞歷山大大帝

■

在美國，只需要不到 200 美元就可以登記成立任何公司，接下來你就可以自稱是一位執行長。你甚至可以訂購名片，上面印有大大的、粗體的「執行長」三個字。你想要怎麼稱呼自己都可以，但是，得要等到其他上百個人都稱你為執行長，你才算是掙到了這個頭銜。

2009 年 10 月，我創辦了一家公司，有 66 名保險業務，我們的第一個會計年度營收低於 200 萬美元。有一個小小的問題：身為執行長，我完全搞不清楚自己在幹嘛。我當時還沒學到要讓公司有所成長，必須先做什麼事。

在這之前的職涯中，我不是業務人員就是業務經理，從來沒當過一家公司的執行長，我對於願景和策略一無所知；

對於把一筆銷售變成合約背後複雜的運籌過程和文件處理，更是一竅不通。一開始我基本上是用裝的，同時試著要把事情搞清楚。我開始找資料，思考我得採取哪些行動，才能成為一個成功的執行長。我的第一步是加入 Vistage[11]，這是一個為了創業家而成立的組織，在這個組織裡，Vistage 基本上就是你個人的董事會，會提供你建議。我也參加了哈佛為事業主和公司總裁而開設的學程，這讓我可以跟其他執行長互動交流，學習管理的方法。

我把任何可能有所幫助的資源都找出來，包括任何我能弄到手的個案研討，還有任何能讓我進一步釐清經營一間公司、每日有哪些例行公事的書，每一本我都訂了。派屈克·蘭奇歐尼的每一本書我都買了，除此之外，我還買了：

- 《擴張：少數企業是如何成功的，其他企業是如何失敗的》，凡爾納·哈尼斯著。[12]
- 《抓地力：掌握你的企業》，吉諾·威克曼著。[13]
- 《公司要賺錢有這麼難嗎：賣得掉的才是好公司》，約翰·瓦瑞勞著。
- 《精實創業：用小實驗玩出大事業》，艾瑞克·萊斯著。

---

11 譯注：美國一個由中小企業業主與高階管理人員所組成的會員指導組織。
12 譯注：暫無中譯本，作者為 Verne Harnish，原文書名為 *Scaling Up: How a Few Companies Make It... and Why the Rest Don't*。
13 譯注：暫無中譯本，作者為 Gino Wickman，原文書名為 *Traction: Get a Grip on Your Business*。

- 《從 0 到 1：打開世界運作的未知祕密，在意想不到之處發現價值》，彼得‧提爾著。
- 《精通洛克斐勒的習慣：為了替成長中的公司增加價值，你必做的事》，凡爾納‧哈尼斯著。[14]
- 《成長之痛：從企業家精神轉換到專業管理公司》，艾瑞克‧法蘭霍茲、伊芳‧藍道合著。[15]
- 《豐田模式：精實標竿企業的 14 大管理原則》，傑弗瑞‧萊克著。

當時，我跟自己有了一個約定：我要嘛有辦法做出判斷，認為自己具有執行長必需的才能，而且是那種我很信任、認為他可以經營《財富》雜誌 500 強公司的執行長；不然的話，我就要開除自己。

從創業到領導一家公司，這樣的轉變差點就把我壓垮了。若要生存，終歸還是需要知識與堅忍不拔的勇氣。最後，我不只理解了執行長每天都要做什麼；更重要的是，我還掌握到，要創造出我想像中的那種公司，有哪些行動是我一定要採取的。

接下來可能就是你一直在期待的內容了。在這之前的一

---

14 譯注：暫無中譯本，作者為 Verne Harnish，原文書名為 *Mastering the Rockefeller Habits: What You Must Do to Increase the Value of Your Growing Firm*。
15 譯注：暫無中譯本，作者為 Eric G. Flamholtz 和 Yvonne Randle，原文書名為 *Growing Pains: Transitioning from an Entrepreneurship to a Professionally Managed Firm*。

切都是基礎：了解你自己、了解怎麼解釋事情的前因後果、了解如何打造自己的團隊，這些都是為了要讓你有所準備，以面對經營公司的困難。現在是時候了，你應該要向前邁進，成為一位可以用行家的方式經營公司的執行長。我們現在要談的是每個執行長都需要注意的四個策略象限，而你將會清楚了解到，要如何替你的企業製造出指數型成長。我們最後會回答這個問題：一個執行長要如何逐步成長，才能創造成長，並且持續成長。

每家新創公司都會經歷的四個階段

1. 成型期
2. 生存期
3. 快速成長期
4. 高原期

你在讀這些的同時也要問自己，你們公司現在是處於哪一個階段？成型期？生存期？如果還沒達到快速成長期，那是因為你還沒釐清如何帶出指數型成長，而你很快就會發現，有兩件事情可以讓你的公司發光發熱。

替公司增資

不管公司處於哪個階段，你都需要一個籌措資金的計畫。在公司剛創立的時期，你會跟家人借錢嗎？你應該要找

個天使投資人，放棄自己的股權嗎？等你開始將公司經營得有聲有色，你應該要出售公司然後退場，還是要利用你的成功，借力使力來增資並加速公司的成長？

這些主題本身就可以寫成一本書，同時也會因產業不同而產生非常大的差異。如果你創辦的是一家科技公司，即便沒有一套很明確的商業模式，依然會非常吸睛、甚至吸引到上千萬人的注意，像是推特、Instagram 以及其他同類型的公司，你會需要盡可能在事前募到越多資金越好；然而，在其他產業中，最好是自然有機地成長。

1999 年 4 月，馬雲在自己的公寓裡創立了阿里巴巴，然而，直到 2000 年 1 月，公司才從一群以軟銀集團為首的投資者手上拿到 2,000 萬美元的投資。《華爾街日報》（*Wall Street Journal*）曾報導馬雲跟軟銀執行長孫正義的會晤，那場會面對於投資的提案來說，相當非典型。馬雲說：「我們並未談到營收，甚至沒談到商業模型；我們只談到共同的願景。我們兩個很快就做出決定了。」

新聞節目《60 分鐘》（*60 Minutes*）曾播出一段查理·羅斯（Charlie Rose）與傑夫·貝佐斯的訪談，貝佐斯回想 1995 年時，他正在籌措種子基金準備創立亞馬遜：「有很多人都因為這筆交易賺了一筆（笑），但是他們也承擔了風險，因此他們有資格因為這筆交易大賺一筆。我必須開 60 場會，才籌得到 100 萬美金，而且是跟 22 個人開會，平均一個人約 50,000 美元。我是這樣籌措資金的，而且募不募得

到錢真的很難說，所以整件事情有可能在開始之前就胎死腹中。當時是 1995 年，每個投資人問我的第一個問題都是：『網路是什麼？』」

2018 年，在小布希總統中心領袖論壇的一場訪談中，貝佐斯也談到籌資創立亞馬遜的故事。他說道：「那時是 1995 年，但僅僅 2 年之後，只要是史丹佛大學的企管碩士，就算沒有任何商業經驗，只要他拿著一份網路創業的企劃書，光是用一通電話就有辦法籌到 2,500 萬美金。」

要建立起一家資本充足的公司，你有很多條路可以走，我接下來會給你 10 個問題，是你在開始籌資之前要先考慮的。如果你是認真看待這件事，就不能只是用讀的，你要去回答這些問題。

在籌資之前要問的 10 個問題

1. 你真的需要籌資嗎？考慮到公司目前的位置和狀況，你真的需要籌資嗎？你的想法可能不是很龐大，用自己的錢就足夠你立刻開始執行了。

2. 如果籌不到這筆錢，你要怎麼推行這個商業創意？如果你回答得出這題，天使投資人與創投人對你的公司會更有興趣。在開始籌資之前，證明你並「不需要」資本，而且也已經有衝勁的話，你就會是一項比較有吸引力的投資標的。

3. 你會怎麼運用籌到的錢？你在籌資的時候，需要站

在投資者的立場思考，投資人會想要知道你將如何使用這些錢，你需要告訴他們，你要怎麼用現金創造成長。無論你是把錢用來聘請關鍵人才以提高產量，或者是保住智慧財產權，他們都需要知道你用錢的計畫是什麼。

4. 對你的公司來說，誰是理想中的投資人？是某個參與公司內部的人嗎？你不只需要想想看潛在的投資人是誰、是什麼樣的人，也要想想看你想要跟他有什麼樣的關係。你需要有關鍵性的人，可以替你開啟經銷通路嗎？還是你需要一個擁有你所缺乏的某項經驗的人，而且還可以當你的顧問？

5. 你想要保有對公司完全的掌控權嗎？只要你跟人家拿錢，他們就會產生很多期待。人們不會毫無條件就寫張支票交給你，你要有心理準備，要嘛你可以保有對自己公司完整的控制權、但是可能無法籌到那麼多錢；要不然就是必須放掉一些控制權，以取得更多的現金投入。

6. 你希望有人找你問責嗎？很多創業家都不喜歡其他人對他們發號施令，然而創投人就是希望可以這樣做。他們想要跟頭腦靈敏、能夠接受建議的創業家一起合作。你將之視為指導，還是干涉？如果是後者，那就要去找比較被動的投資人，例如銀行。

7. 你對所屬的產業做足功課了嗎？不要因為你沒做好自己該做的功課，而白白浪費了投資者的時間。在你出門去籌資之前，要先搞清楚所屬產業的情勢，這會讓那些潛在投資者看到你是認真的，而且你也已經準備好了，會好好善用他

們的錢。

8. 你的商業模式有什麼與眾不同之處？投資者需要理解為什麼你的公司可以脫穎而出。你的公司需要有所定位，在市場上才能擁有獨特的競爭優勢。

9. 你把數字算清楚了嗎？**你公司的價值為何**？當投資者看到你拿出的數字計算一團亂的那一瞬間，他們就會轉身離去。他們期待你有真正的預估數字，而且這個數字背後要有一套完整的計算在支撐。你要知道產業內的相互比較，也要拿一個跟你類似的公司來參照，用這種方法來算出營收乘數、銷售額或是其他特定產業會用的標準。

10. 你創立公司是為了出售嗎？投資者想要知道，他們是否有辦法在 5 到 7 年內把他們的投資賣掉，並獲得實實在在的報酬。你有出售公司然後退場的策略嗎？有些創投人對於投資那些志在出售公司的生意沒有興趣，但也有些人旨在尋求快速獲得報酬。你需要好好做功課，才能回答這一題。

■　■　■　■　■

如果成功拿到創投資金的話，你和團隊的信心都會大幅上升。你可以把籌資當成是購買公司的壽命，就像是在玩遊戲的時候，你會多爭取兩條命，免得自己死掉。假如讓一些既聰明、要求又高的人投資公司，你就會被問責，同時也會替你帶來很高級的轉介機會，以及有智慧的建議。對有些人

而言，這麼做是可行的，但就像是在生意上與人生中的所有事情一樣，想擁有這些好處，你要付出代價；相反的，如果你用自己的錢，就常常會有把錢燒完的危險，而好處是你可以對自己的公司保有控制權，也可以保住股權，到了最後，這會讓你擁有更多選擇。

說到與投資人建立關係，最好的方式就是透過你的導師介紹投資人給你。有人引介你的話，等於是在這條路上大力推了你一把，讓你更容易獲得認可。然而，要讓導師認為你是可靠的，最好的方式是什麼呢？答案就是好好地、鉅細靡遺地回答這些問題。如此一來就會證明你是認真的，並且已經做好萬全準備了。

籌措資金並沒有所謂最完美的時機或是方法，你需要付出很多努力，同時也要持續追蹤你的選項和可能性。吸引投資人來找你，會比你去拜託投資人更好。現在，我們解釋完增資了，接下來讓我們繼續看看，要怎麼讓公司成長壯大。

策略象限

你有沒有過這種經驗：每次去健身房都遇到同一個人，但不知道為什麼，就是從來沒看到他有所進展？那個人這麼常去運動，身材怎麼可能看起來還是一模一樣？這是可能的，真的。這其實很正常，不論是在健身房還是辦公室，大部分的人都只是到現場之後，把動作做一遍。他們是在公司

裡工作，卻不是在替公司工作。如果你也是如此，當狀況尚可時，公司還勉勉強強可以經營得下去；而最壞的狀況是，由於你並未先想好後面的幾步要怎麼行動，因此讓自己的公司倒閉。

成長很重要，然而，創業家通常都將成長視為單一一個函數，這是不對的，公司的成長有兩種：線性／指數型。前者是指穩定但並不可觀的增加：你會在截止日期前完成事情、你有銷售也有維持客戶關係，以及擴張人際網絡。而後者則是指飛躍式的成長，當創業家從公司例行的營運中跳脫出來，去做一些傑出且不同凡響的事，就會出現這樣的成長。這類創業家擁有願景，能夠做出困難但聰明的決定，將願景付諸實行。他們想要的不只是漸進式成長，而是想要征服全世界。

我把事業主／執行長的責任拆解成下列這四個策略象限：線性成長包含營運系統、商業開發／關係／業務銷售。

1. 營運系統：這指的是讓系統、技術和流程都更加穩固，並提高成效和效率。對大部分的創業家來說，這是事業中最無法讓他們感到興奮的一部分了，雖然這麼做無法創造出指數型成長，但還是可以藉由改善營運系統而大有進展。你已經看到我的公司是怎麼拆解 ITR 公式，也看到用科技來改善營運是如何讓我們最後省下好幾百萬美元。

一家公司會失敗，原因有兩個：要嘛是成長得太快，要

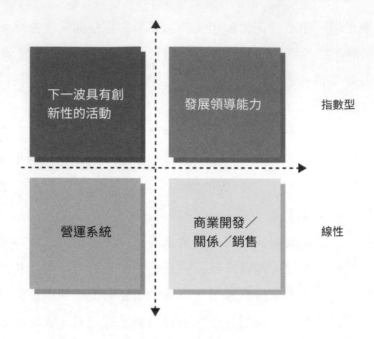

			指數型
下一波具有創新性的活動		發展領導能力	
營運系統		商業開發／關係／銷售	線性

嘛就是完全沒有成長。雖然前者看起來像是一個很幸福的煩惱，但如果營運系統還沒到位、無法支撐成長，那這可能會是相當致命的問題。

2. 商業開發與銷售：這指的是跟新賣家建立合夥關係，讓你的銷售流程變得更好。這也是指交際應酬，以及參加所屬的產業活動。關係、關係、關係！商業開發是線性的，你需要做成買賣，並且讓客戶持續增加。

接下來的兩大領域都會帶來指數型成長。

3. 下一波具有創新性的活動：作為執行長，你可能會

發布有潛力改變市場局勢的計畫或是促銷活動。當倍力健身公司引進零會費的會員制度，而與此同時，競爭對手都還在要求消費者支付一筆可觀的會費，倍力就成功改變了局面。1995 年，美國大陸航空（Continental Airlines）引進一套獎勵計畫：只要大陸航空當月登上前 5 名準時起飛的航空公司，公司 35,000 名非管理職的員工就可以收到 65 美元的獎勵。這項具有創新性的活動是由葛登・貝紳（Gordon Bethune）和葛瑞格・布藍諾門（Greg Brenneman）兩位具有顛覆組織能力的領導人所帶領，這個計畫創造了魔法一般的成效。對此，貝紳在其著作《新反敗為勝：大陸航空重登高峰的傳奇故事》（*From Worst to First: Behind the Scenes of Continental's Remarkable Comeback*）中有詳細的描述。

2005 年，三菱汽車發布了一個活動，表示會替顧客支付一整年的油錢，而當時的油價大概是每加侖 3 美元（約等於每公升 0.79 美元）。雖然這只不過是個折扣罷了，但因為他們行銷的方式，會讓人忍不住回頭多看兩眼。韓國的現代汽車掙扎著要增加在美國的市占率時，提出了業界最長的保固期：10 年，或者是 10 萬英里（約等於 16 萬公里），這些並非影響範圍很小、每日例行的營運決策，而是會帶來指數型成長的選擇。

2005 年 2 月，亞馬遜推行了 Amazon Prime 方案，方案會員一年支付 79 美元，就可以獲得所有購物免運費、兩天到貨的服務。亞馬遜後來還加上音樂、免費電影、易腐爛

產品的免費運送服務。截至 2019 年 9 月，已經有超過 1 億名 Prime 會員，而目前的訂閱費用是每年 119 美元，也就是 119 億美元的營收，這就是一個創新的活動。

做出對的行動可以讓公司高速向上成長。你需要把顧客想要什麼、需要什麼、競業的限制、你的強項，這些你所知道的一切都整合起來，以制定出可以讓營收快速成長的活動。

4. 發展領導能力：指數型成長得看你是否有能力培養其他人成為成功的領導人。你要找出下一批你要培養的、想要讓他們承擔更多責任的領導人，列出你前 3 至 5 名的人選，或者把所有人選都列出來。接下來，開始對他們進行評估，看看他們的強項和弱項分別有哪些，並觀察他們是如何應對困難的情況；接著，查看他們的競爭力、他們有沒有能力提出新點子，以及他們多可靠；也要問問看他們對公司是否有信心、想不想擔任領導者的角色。之後，找他們坐下來認真聊聊接下來的半年、一年、兩年內需要做什麼，挑戰他們、讓他們成長。打個比方，就是往他們頭上澆水，把他們當成植物一樣來照顧。

身為執行長，你培養出哪種類型的領袖，會成為別人評判你的依據。你要找到不只是聽命行事，而是有辦法自己開設一家公司的人，他就能帶來指數型成長；而要做到這一點，你必須招募到對的人，並將領導能力的培養放在很前面的順位。

你的挑戰

大部分的人都會停留在線性成長的層級，你不會僅僅因為選擇當創業家，就成為有遠見的人或是執行長。如果將大部分的時間都用在線性成長的兩個象限裡，那你就創造不出強勁的氣勢和衝勁；但另一方面，如果把所有時間都花在指數型成長的兩個象限，就會有支撐不住成長速度的危險。

你需要仔細看看策略象限，問自己現在位於哪一個象限、做得好不好。你需要朝哪個象限前進？你需要制定具有創新性的活動嗎？或許你需要檢視接下來 3 個月的這段時間，並且替下一波具有創新性的活動做好準備。

替自己的公司想出策略，那種滿足的程度會讓你為之驚豔，當公司有所成長、錢開始滾進口袋的時候，會讓人感到十分興奮。一旦走到這個地方，事情就會變得非常、非常有趣。

為增進員工的表現，要對他們施壓，讓他們對壓力免疫

你要怎麼做，才能讓人才發揮出最大的能力呢？你要怎麼激發他們的動力，讓他們每一年都能有大幅的進步和提升呢？

這些問題對於創業家來說是很困難的，或許你會試著成為這些人最好的朋友，或許你會向他們提出嚴厲的意見回饋，或許你會予以支持和鼓勵；有很多很多的理論都繞著這個主題打轉，但我知道對我來說什麼樣的方法是有用的，而

你如果可以放下想要讓大家都喜歡你的這種欲望，那我的方法對你來說也一定會是有效的。

我有一個朋友叫做克里斯・海斯（Chris Hayes），他在國家美式足球聯盟（NFL）擔任了 7 年防守後衛的位置。克里斯在很多教練底下打過球，包括赫姆・愛德華（Herm Edwards）與比爾・帕塞爾斯（Bill Parcells），有一天，我問克里斯：「你遇過的教練中，哪一位最難相處？」

克里斯當時毫無猶豫地回答：「比爾・貝利奇克（Bill Belichick）。」當時貝利奇克在紐約噴射機隊擔任帕塞爾斯的助理。「他對大家的期待非常高，」克里斯說，「要達到他的期待？還早呢！他的期待超級高，超煩。他的訓練和練習都極度瘋狂，他要求你的一切都盡可能接近完美，他會在最小的事情上挑你的毛病，但同時你也知道你會獲勝，因為你知道他比當時房間裡的任何一個人都還想贏，所以對於跟隨他的這一點，你是不會有意見的。」

創業家可以從克里斯跟貝利奇克的相處經驗中學到很多事情，我自己就學到很多。我對團隊施加壓力，直到他們對壓力免疫為止。如果他們可以忍受我，那麼面對顧客的怒斥，他們也就沒問題了；如果他們能應付我，就能應付任何人，而不會被惹毛。當他們經歷了我這個壓力鍋之後，就會變成更優秀的領導人，面對衝突，也會處理得更好。

我施加壓力的方法是**透過提問和等待答案**。我現在用來挑戰你的這種方法，也就是我用來挑戰團隊的方法。我要求

他們弄清楚自己想要成為什麼樣的人，並仔細描述下一步的行動是什麼。等他們表達出自己想要什麼，我就會用他們的答案向他們問責。我不會大吼大叫，也不會把自己的目標強加在他們身上，我用的方法是複述他們自己想要達成的事。如果他們的所作所為會讓自己無法達成這些目標，我會問他們為什麼，然後就閉上嘴。我發現，讓他們自我反省，比起命令他們更有力得多，我的所作所為，終歸是在教他們要對自己設下的高度期待負起責任。

大部分的人都不想要像這樣被追究責任、以自己的最佳狀態為標準被檢視，這種做法，膽小者勿試；這也就是為什麼與我共事是件困難的事，而這是我故意造成的。我的團隊花了好幾年才對壓力免疫，而當這件事終於實現的時候，他們就成功了。就像貝利奇克的球員，他們覺得自己身處在高度期待帶來的高度壓力下，雖然一開始他們對此感到憤恨不平，但也漸漸習慣了，最後則發現這麼做會讓他們的表現提升，而且最終結果是替球隊帶來勝利，一陣子之後，這樣的壓力也就不再困擾他們了。

還有一個更大的好處：骨牌效應。當我對一個人施加正向的壓力之後，他就會對另一個人施以同樣的正向壓力，當有更多人加入我們團隊，我們就會對這些人施加一樣的壓力，他們也會施加在別人身上。這種做法不是管理手段，反而變成文化的一部分。要記得你這麼做的原因，並不是為了要讓團隊覺得很煩、很困擾，而是要**施加正確的正向壓力**。

貝利奇克擔任新英格蘭愛國者隊的總教練時，贏過 6 次超級盃，你覺得四分衛湯姆·布雷迪會把在貝利奇克底下替愛國者隊打球的經驗形容是輕鬆愉快的嗎？當然不會，事實上，正是因為貝利奇克對布雷迪這麼嚴格，才產生了加乘的效應。

　　當一個明星受到挑戰，大家都會努力要進步，隨著壓力增加與期望提高，這也會變成常態。即便布雷迪在愛國者隊和貝利奇克底下待了 20 個賽季之後便離開，並加入坦帕灣海盜隊，布雷迪和貝利奇克依然可以說是在教練和四分衛的搭檔關係的歷史上，取得空前的成功。這得歸功於貝利奇克所給的壓力，以及布雷迪對此的反應。

　　施加壓力有很多種做法：提供有建設性的批評、提高結果的目標、提出困難的問題、用問題來創造出當責性，並藉此讓壓力成為常態；最終你就會看到大家是如何努力進步的。

　　我知道上述聽起來可能有點嚴厲，會讓某些人嚇到，所以我想要強調一點，這並非適用於所有人，這必須要符合你的個性和你的哲學，也大大地仰賴團隊和公司文化。再說一次，我只是分享對我來說有用的方法，到了現在，我相信你有能力可以消化和思考我所說的內容，並採用自己的方法。

有遠見的領袖會擁有一個現實扭曲力場

　　在華特·艾薩克森（Walter Isaacson）替賈伯斯寫的傳

記中，一個常見的主題是賈伯斯的現實扭曲力場（reality distortion field）。他不接受其他人對於現實的想法或是「夠好了」這句話；他創造自己的故事，並且迫使別人去實現這些故事。他把意志強加在別人身上，讓他們重新編寫對於自己的期待。因為他不願意接受他們自我設限的現實，最後的結果則讓他們自己都嚇了一跳。

待在一位能力很強、總是在調高標準的執行長身邊可能很不舒服，他們會給人一種感覺：不管你再怎麼努力都不夠好。大家可能會說：「每次我做出了什麼，你就把標準提高。你到底什麼時候才會真正滿意？」這就是那些厲害的執行長如此成功的原因；這也是當賈伯斯把期限強加在別人身上時可能會被怨恨，但現在他卻備受崇敬的原因。

抱歉，我要稍微岔題一下，因為我覺得大家對於「被開除」的錯誤理解很奇怪。大部分的人都以為那些處理日常例行事務的員工最容易被解僱，但事實上，沒有人比公司創辦人和執行長更常被開除了。每次只要有員工辭職，對於執行長來說都是被開除的一種；每次只要有一位顧客離開，並選擇了自家公司的競爭對手，也是被開除的一種；每當一個超級業務離開公司，也是被開除的一種；每次公司被告的時候，也是被開除的一種。我要說的是，沒有人比執行長更常被開除了。要讓團隊知道，沒有人比你的壓力更大，這點是很重要的，這麼做並不是要削弱他們的信心，而是要讓他們知道每個人都有壓力。

　　這是我挑戰他人的一個例子：當時我跟一群員工正在開會，我問他們：「你們之中有多少人想要加薪？」每個人都說他們想要加薪。「好，那現在幫我一個忙，把你一年最高賺到多少錢寫下來，不用給我看，自己寫下來就好。」等他們寫好之後，我說：「現在，寫一下你希望一年可以賺多少錢。」我再等了一會兒，接著問他們：「你們為什麼還賺不到這麼多錢？是公司的錯嗎？你們想要我說出讓你們心情舒坦的答案嗎？還是你們想要聽真話？」

　　他們想要聽真話。

　　「因為市場決定了我們的價值。我們可以認為自己不止值這個錢，但如果市場不願意付給我們那麼多錢，那就有可能是你們太高估自己了。你們需要行動、自己去賺到寫下來的那個數字，這不是光靠運氣就能實現的。你們想要當主管嗎？你們想要管理一個部門嗎？那就問問自己需要做些什麼，以增加自己在市場上的價值，長期待在我們這兒的人一直不停在進步、讓自己更好。我們鼓勵你進步，如果你不進步，其他人就會進步，並超越你、成為你的主管。」

　　上述一字一句都讓壓力、期待還有表現逐漸提升。下一個步驟是，製造出一個環境，允許員工進行反思，並把自己的進程詳細記錄下來。我會要求他們寫出接下來五步的行

動，還有，如果他們對於這些行動是認真的，並且願意負起責任，就把他們訂定的行動用電子郵件寄給我。如此一來，他們就替自己訂好了目標，同時也允許我找他們問責。

解放並賦權給你手下的獅子，讓他們建立起帝國

哲學家路德維希‧維根斯坦（Ludwig Wittgenstein）說：「如果獅子會說話，我們也無法理解。」你需要學會如何應對獅子（有超群表現的人）。獅子們會建立起帝國、會領導他人，也將帶來最高的營收，或許還會是最讓你頭痛的對象。他們要求很高、很易怒，有時候，他們看起來也許一點感情都沒有；而且這種人經常很沒有條理，乍看之下可能就是一團亂。

羅伯‧帕森就是一隻獅子，他替摩根士丹利帶來了巨大的成功，卻因為管理階層當時不知道要怎麼處理這個人，導致公司差點失去他。你可以失去一隻羊，羊便宜得很，但你絕對不能失去獅子。

偉大的公司裡會充滿很多獅子，他們會經營自己的帝國。在我開設自己的保險公司之前，我就是一隻替大公司工作的獅子，我很有攻擊性、很高調且傲慢。我可是那個寫了16頁的信給高層、要求改變的傢伙，如果當時領導團隊知道要怎麼應對一頭獅子，他們或許就可以駕馭我所有的挑釁，並讓自己的錢包塞得飽飽的。我當時已經足夠成熟，可以成

為內部企業家了，我可以替自己賺到一筆小小的財富，同時替公司帶來大把鈔票。然而，他們不知道該怎麼對待我，所以我就離開了。

應對獅子的關鍵之處在於挑戰他們。即便是明星球員，在一時衝動之下，也會對教練感到惱怒。被逼到超越疼痛閾值（pain threshold）可不是什麼好玩的事情，但是，同樣的這群球員終究會稱讚自己的教練。為什麼？因為他們是獅子，被逼到超越疼痛閾值的時候，獅子就會快速成長。

如果你希望大家都喜歡你、如果你只有在大家都感到舒服的時候才會開心，那你就不是面對獅子的料，更不是執行長的料。大家可能會恨你一時，但是，要讓他們成長茁壯、讓公司得以生存的唯一方法，就是讓他們負起責任。

讓大家負起責任的 7 種方法

1. 不要畏懼讓大家負責，也不要害怕在他們沒有謹守諾言時批評他們。 事先聲明這不是在針對誰，你不喜歡的是他們的表現，而非他們的人格，要溫和地說。

2. 詢問原因是什麼，並在一段時間內保持沉默，仔細聽他們的答案。 當員工沒有實現承諾或是沒趕上截止日期，又沒給出一個好解釋的時候，就要問他們原因，而且要得到一個具體答案，你需要深入找出實際上到底發生了什麼事。如果你想要從對話中有所收穫，這就是唯一的辦法。

3. 你的說法要具體、要量化，不要用概括式的說法。 不

要只是叫員工更努力或是做得更好，要求他們去達成具體的挑戰，而且要是可衡量、有期限的。

4. 提供清晰的標準，並明確指出獎懲是什麼。 讓他們知道達標或是未達標會有什麼後果，數字不會說謊。先說清楚球門在哪裡，就可以避免在未來產生衝突。

5. 在工作流程中指導團隊。 告訴他們要做什麼還不夠，你要指導他們該怎麼做，也要確保他們有完成任務所需的資源和專業。

6. 知曉每個人在團隊中扮演的角色。 當責性會對團隊裡的其他人帶來哪些影響？為確保這個人可以成功，你還需要讓誰承擔責任？

7. 真摯且有同理心的收尾。 我們都是有感情的人類，大家會在生活中經歷一些別人不知道的事情。你可以是富有同情心而堅定的。

這張清單很明顯漏了一點，就是誰會追究「你」的責任呢？跟你同級或是在你之下的人是不會對你板起臉來的，不要找他們。要找一個你尊敬的人，而且他願意用一週一次的頻率來確保你負起應負的責任。在某些情況下，他可能是你的經理人；如果你是一位創業家，這個人可能會是一位投資人或董事會成員，像是 Vistage 或是青年總裁協會（Young Presidents' Organization, YPO），這類組織可以組成諮詢團隊並提供建言。你也可以更進一步，找一些跟自身目標大方

向一致的人，而他們也同意會要求你對這些目標負起責任；最後，是否要這麼做，就取決於你了。列出一些會向你問責的人。他們有多可靠？但如果那些向你問責的人不怎麼可靠的話，你當初為何要選擇他們呢？

■　■　■　■　■

你可能已經準備好要當一位執行長了。要成為真正的執行長，你需要足夠的資金來營運公司，就像之前討論過的那樣。要做出最好的選擇，你需要衡量願意放棄多少控制權（以及股權），還有你願意接受的、被問責的壓力有多重。

等公司有了足夠的資金，你專注的焦點就會轉而放在成長上，你需要執行線性成長策略與指數型成長策略，才能打造出一股衝勁和氣勢，並繼續維持下去。你下一波的創新型活動，會是公司擴張的催化劑。培養領導人也會創造出指數型成長，而且成長的速度會更容易預測。

別忘了，一路上最重要的產品，絕對會是你身邊的人。如果你以為世界是以你這個執行長為中心在打轉的，那你麻煩可就大了。沒有那些人，你只會擁有一份工作，而不是一家公司。

你需要真心在乎你的團隊，敷衍的恭維會被他們識破；面對真誠和真實，他們則會有所回應，而提供他們這些東西最好的方法，就是向他們提出周密且深思熟慮的問題。你考

慮過他們的夢想、目標還有目的嗎？如果有，那你終將會成為一位偉大的執行長。

最重要的產品是人力資本，當一個人表現不好、另一個人沒有付出全部努力、還有一個人變得有點健忘時，你都需要了解是怎麼一回事。邀請有狀況的人共進午餐，跟他們談談，問問他們：「一切都還好嗎？你太太最近怎麼樣？孩子們都還好嗎？」好公司的重點就在於這些關係。

如果你讀這些內容時想著：「我有一大堆事情要做！」那你要知道，這些事情都需要花上好幾年的時間來達成，不要期待你瞬間就可以得心應手去處理這些事。這是一個沒有盡頭的過程，你也需要無止境地渴望著進步。有朝一日，你不再會是僅僅因為登記成立了一家公司、印了名片，就自稱為執行長的人；當別人都將你視為執行長時，你就會知道自己是貨真價實的執行長。

第 10 章

跟衝勁交朋友，
面對混亂狀態也要有所準備

那種所有事情都搖搖欲墜、馬上就要崩潰的感覺，就是成長的感覺。

你會想要逃離這種恐怖的感覺，而且越快越好。你的大腦則會認為身體遇到危險，所以最重要的一件事就是去除危險、解除緊張。

你會想要逃跑……這就是個關鍵時刻，大部分的人會在這裡輸掉。關鍵就是當自己有這種感受的時候，要有所意識並認出這種感受，更深入地參與這些時刻。

——賽斯·高汀（Seth Godin），部落客、創業家、暢銷書作者

■

盡可能累積財富、成就與權力。你需要像是一支連續贏了 10 場比賽的籃球隊，不停向前進，並在往前的同時持續累積動量。字典裡所定義的「動量」（momentum）是一個物體的質量與速度結合之下的產物，翻譯成創業用語，「衝勁」

就是你本人與向前進的速度結合之下的產物。

當你聚集了衝勁的時候，你就不只是一家公司，而是變成了一股力量。你可能不會是一股無可匹敵、無法阻擋的力量，但沒有哪個精神正常的人會想要擋在你前面。你在向前飛奔，自信、人才和金錢也都會增加。

關於創造衝勁，你需要認真以對。把衝勁當成是你的約會對象，而且是看起來「就是他了」的那種對象。每一次約會都要建立起一些關係。每次你看到他，都要比前一次更好，不只是生理上而已，也要漸漸發展出情緒上的親密感和相互的尊重。

失去衝勁最快的方法就是濫用它，你的「雙生火焰」一直跟你說「你最棒了」，而你也相信了，變得狂妄自大、到處隨便找人上床，愚蠢地認為那個人還是永遠都會在那裡，接下來，碰！就這樣，動量不見了，你們之間的關係也結束了。只剩你孤零零的一個人，覺得羞愧難堪，必須再次從頭開始慢慢往上爬，這次還會比之前那次更困難，因為現在你已經證明了自己是不可靠的。

這個情境，我也看過商業上的版本，而且次數非常多。這也就是為什麼，本章會談到衝勁的力量與危險。如果你執行了對的創新型活動，也培養出領導者，你就會獲得衝勁。挑戰則在於怎麼維持住這股動量，很多創業家都能成功，但守成的人就沒那麼多了，兩者之間的差異在於紀律。衝勁會讓你的權力變大，同時也會讓你看不見自己的弱點在哪。首

先我們會談到要怎麼創造衝勁，接著就會談談如何管理它。如果你需要更強的動力，才會想要維持衝勁，那麼想想這一點：若能擁有一股持續的衝勁，平凡無奇的創業家便會感覺自己像是上帝一樣。衝勁可以是具有顛覆性的，所以要有紀律，不要讓其有所動搖，但也不要因為衝勁讓自己變得自大。

如果要對什麼上癮的話，就對速度上癮吧

如果說我對一起工作的人只有一個期待的話，那就會是這個：我不會在速度、執行和效率上有任何妥協。我不在乎我們變得多大，但我要速度、執行、效率，我在這三個方面是很貪心的，我全都要。

這裡有個給領導者的大哉問：你要怎麼用更短的時間把事情做完？創業家經常不懂要怎麼增加速度，相反地，他們會說：「我們已經盡量加快了，但就是沒辦法讓速度有明顯的提升。」或者是：「當然，我們可以縮短時間的框架，但這也意謂我們要花一大筆錢來聘請更多人或是裝設更好的系統。」

這是無法接受的。我絕對不會建議你為了速度而在品質上有所妥協，但我會給你一個更好的方法來創造出速度，你的品質也不會因此被犧牲（而且，應該會變得更好），讓我們從法拉利跑車開始談起。試想一下三款不同的車，分別是在 1977 年、1997 年、2017 年生產的。下列是這些車子從靜止加速到每小時 100 公里所需要的時間：

1977 308
0-100：8.1 秒

1997 F355
0-100：4.9 秒

2017 488 GTB
0-100：2.9 秒

2037 GTX
0-100：？秒

　　當你看到這個趨勢，你會怎麼預測 2037 年法拉利的加速能力呢？ 0.9 秒怎麼樣？在眨眼之間就從完全靜止加速到每小時 100 公里，看起來像是不可能的事情。 1977 年的人一定曾經說過：「法拉利是不可能在 4.9 秒內就加速到這個速度的。」1997 年的人也一定曾經說過：「法拉利是不可能在 2.9 秒內就加速到這個速度的。」

　　當你思索著公司裡不同職能的時候（業務、招聘、客服等等），你可以做什麼來壓縮時間框架呢？聽起來可能很困難，甚至可能像是天方夜譚，但我向你保證，不管是要執行哪個功能組，一定都有辦法可以縮減所需的時間。

　　在你開始抗議說你能做的都已經做了之前，讓我來說說另一個跟汽車產業相關的故事。跟我在傑弗瑞・萊克

（Jeffrey Liker）那本《豐田模式》（*The Toyota Way*）讀到的一樣，替豐田帶來成功的催化劑是一項決定：裝配線上出現的所有問題都要在 59 秒內處理完畢。公司給了裝配線上每個人一個鈴，一旦發現問題，員工就會按下這個鈴，主管就會趕來解決問題。

豐田之所以稱霸汽車產業，這就是主要原因。並不是因為行銷做得比較好或是價格比較漂亮，而是因為他們學會如何壓縮時間框架，讓執行速度有辦法超越競爭對手。

看看速食產業。為什麼麥當勞可以稱霸這麼多年？並不是因為食物比較好吃或是服務比較好，而是因為出餐的速度比較快。你要以此為例，找來一群具有深厚實務知識的人，組成一個委員會，然後把這個任務交給他們，讓他們去搞清楚如何讓某項職能的執行速度加快。拿張紙、寫出公司內任意一個部門作業流程的每一個步驟，檢視有什麼辦法可以刪掉一個步驟、評估可以縮短哪些步驟，接著把這些修改過的步驟拿去進行公開測試，再根據測試結果去調整，把所有可以壓縮時間框架的工具全都拿來用。

加速的 4 種方法

在這 4 項要素上提高速度，會讓公司運轉得更快。

1. 職能執行速度。這是你提供給團隊的支援系統，你要評估團隊是誰，以及他們的能力值。你是否可以透過訓練和

其他方法幫助他們、讓他們進步，進而縮短某個部門所需的時間呢？你需要招募某個有能力讓事情加速進行的人嗎？部門的執行速度是公司的核心。

2. 流程處理的速度。讓公司組織得以向前推進的，是許多職能或流程。你多快可以讓產品從無到有生產出來？之前我建議你把某個職能的執行步驟一步步拆解開來，與此同時，要把速度放在心上，然後用這個角度去分析每個步驟。假設你有一家網路商店，會影響到銷售的處理速度的因素如下：客戶透過搜尋找到網站；瀏覽網站；點擊進入特定類型的產品頁面；檢視價格和其他選項；把產品加到購物車；輸入信用卡資訊；選擇運送方式；確認購買。你很可能可以縮短客戶完成這個流程的時間，至少可以減少一個步驟。你不這麼認為嗎？聽過亞馬遜的「一鍵購買」嗎？亞馬遜專注在流程速度上，也因此稱霸了電商產業。

3. 擴張的速度。這跟你進入新市場、新的併購以及導入新產品的速度有關。如果你是零售商，進入新市場的速度平均而言有多快？再說一次，你要釐清時間框架並拆解步驟，如果你正在擴張到海外市場，有沒有哪個特定步驟會讓你慢下來？你需要找出瓶頸，並找到方法努力通過。如果你正在談海外的交易，又常常被官僚系統卡住的話，那就要判斷這些東西花費多少時間、多少金錢，以及造成了多少的煩惱。比較簡單的方法是，聘請一個有全球經驗的律師，他要長袖善舞並擁有合適的人脈。

4. 時機的速度。「什麼時候?」這個問題可以像是魔法一樣,非常有效。在對的時機點行動,就可以打敗資源更豐富的競爭對手。假設你知道政府準備發表一項重大研究,關於他們發現某種特定的維他命可以有效降低某種疾病所帶來的影響。你不知道研究將會推薦哪一種維他命,但是你賭你正在研發的高效型維他命會入選,那就要把導入市場的時間,跟政府發表研究結果排在同一天。

時機可能會牽涉到很多種行動:何時宣布新的舉措、何時對競爭對手發布攻擊、何時解僱人、何時聘用人、何時給大家額外獎金、何時給股權。如果你做得對,就可以讓影響力翻倍,有句話說「速度能殺死人」,這句話說得沒錯,速度會殺死競爭對手。

壓縮時間框架的 7 步驟系統

1. 選定一組流程。從買一棟房子到叫一台計程車,乃至在線上分享照片給朋友看,都有一組循序漸進的流程。事實上,要找出有潛力的商機,其中有個很好的方法,就是找到一個有缺陷的流程是你有辦法改善的。

2. 列出流程的每一個步驟。

3. 刪除某個步驟。這裡就是魔法會出現的地方,你要確認能否刪除其中某個步驟。拿掉這個步驟之後,這個流程會如何運作?產業的顛覆就是發生在此處,如果你還不信,往

回翻個幾頁，看看為什麼我的公司要花超過 200 萬美元來加快處理程序。

4. 精簡步驟，直到不能再精簡。要濃縮剩餘步驟的時間框架，如此一來，這套已經比原本減少一個步驟的流程就會變得更加順暢。

5. 公開測試新的流程。找一小群顧客，測試這組新的流程運作得如何、市場的反應如何，以及還有哪些地方需要改善。

6. 更改新流程。根據公開測試的結果來調整流程。在這個步驟中，要讓整套流程符合特定的需求。

7. 精修。你已經公開測試過，也已經根據測試結果進行調整，這套流程就準備好可以上線了。你要把產品更快賣到市場每一個角落，也不要忘了不停反覆操作這幾個步驟來創造出指數型成長。

制定樂觀且明智的成長計畫

史帝夫・賈伯斯說：「韋恩・格雷茨基（Wayne Gretzky）說過一句老話，我非常喜歡：『冰球接下來會往哪，我就往哪裡走，而不是去那些球已經去過的地方。』我們蘋果一直以來都在嘗試做到這件事情。」雖然這句話已經被用到爛了，現在看起來很老套，但這句話依然是很有智慧的。格雷茨基是最厲害的冰上曲棍球大師，比起對手，他可以看到之後更多步的發展，這個能力讓他到現在依然被稱為「最偉大

的球員」（The Great One）。

　　雖然你身處在這個當下，但你還是會常常被迫要彷彿已經活在未來的現實裡，以那樣的角度來做出決定。以你的辦公空間為例，如果你們公司很成功，那就會有所成長；如果你們公司超級成功，那成長的曲線就會很陡，這意謂你需要更多人、更多設備以及更多空間。當科技基地芝加哥創業（Built in Chicago）於 2019 年 9 月宣布，有一家提供初級醫療保健的公司 VillageMD 在 B 輪融資中募集了 1 億美元的資金時，公司新聞稿是這樣說的：「公司迄今融資的總額已達到 2 億 1,600 萬美元……自 2013 年創立以來，其擴張的程度已經超過 4 個總部。」

　　快速的成長可能會帶來混亂，但是你可以把混亂控制到某個程度，只要遵守這個簡單的規則就行了：如果你有足夠的資本，那就租下從現在開始算起 18 個月內會需要的所有空間。對很多公司來說，「如果」是個相當重要的詞。VillageMD 在 6 年內搬遷了 4 次，這家高速成長的公司似乎已經找到對的平衡點了。

　　如果一家公司快速成長，空間卻不夠，就會讓大家擠成一團，而當員工彼此之間的距離太近時，就會產生「不對的」摩擦，爭執會變得更頻繁，聲音也會更大。他們會開始因為誰可以用會議室而爭吵，還會開始叫對方不要偷聽自己講電話的內容。空間不夠會削弱衝勁，這一點毋庸置疑。

■ ■ ■ ■ ■

　　羅密歐獲得 75 萬的資金，要在加州長灘市開一家金融行銷事務所。他跟許許多多的創業家一樣，是個非常棒的業務，很有魅力、很會做生意，知道如何讓大家按照他所說的去做，引用亞歷・鮑德溫（Alec Baldwin）在電影《大亨遊戲》（*Glengarry Glen Ross*）裡飾演的角色講過的一句話──「在虛線上方簽名。」但是，即便是最厲害的業務員，都可能會是糟糕的生意人。

　　我曾經去長灘市世貿中心看過羅密歐的公司，他租下了整個 19 樓，幾乎有 843 坪，每坪一年大約是 1,068 美元，光是一個月的租金就高達 75,000 美元，而且還沒考慮到電話、網路、電力，或者其他任何辦公室營運所需的持續性費用──支援人力就更別提了。很明顯的，羅密歐所想的頂多接下來的一兩步。

　　羅密歐的投資人問了我，是否認為他做了一筆好投資。「你期待多久能夠看到報酬？」我問道。「我沒有任何不合理的期待，」他說，「未來半年內就行了，算了，一年也行。」

　　我開始在腦中消化這些資訊，這家公司很明顯是向著懸崖的方向前進。算算看，這家公司光是辦公室營運，每個月就需要 100,000 美元，再加上第一年每個月要支付給投資人的 62,500 美元，更別提羅密歐個人的開支，像是食物、衣服、車子，他的品味是很昂貴的。

我在離開之前跟羅密歐共進晚餐，他請我誠實說出我的回饋與意見，所以我跟他說，趁現在還有機會，立刻把開支降到最低。我向他解釋道，他只有 5 個全職業務和 30 個兼職業務，使用一間這麼大的辦公室一點都不合理。辦公室裡有 40 張空的桌子和隔間，看起來像是太平間似的。而就如同你預料之中的，聽到我這樣的建議，他並不開心。

羅密歐有著讓公司成功所需的才華和技能，唯一的缺點就是他不願接受經營一家成功的公司需要健全的財務決策。結果他讓自己深陷債務之中，公司也關門大吉。你認為羅密歐所採取的做法是行家會採取的嗎？只要他設想到三步之外的事情，就可以避免這個災難性的發展。

我理解，要同時顧及現況和未來，這之間需要精妙的平衡。如果你有 5 位全職員工，那最佳的選擇可能是一間可容納 15 或 20 人的辦公室。如果你的專業知識夠深厚，就會想出一個選項：在旁邊找到一個空間緊鄰著目前的辦公室，等你有需要時，就可以搬進去。

要替成長做好計畫，而且計畫要做得夠高明，如此一來才能妥善分配資本，把錢花在最重要的地方。人可以說服自己去做任何事情，在瘋狂地追求辦公空間之前，我們先來玩一個小遊戲，看你能不能把公司和公司的誕生地配對起來。你大概已經知道蘋果公司的誕生地在哪裡了，剩下的幾家，就由你來把公司及其第一間辦公室配對起來吧。

公司	第一間辦公室 *
蘋果 ·····························▶	加州庫比蒂諾市的一處車庫
美泰兒（Mattel）	自家的辦公室
Google	朋友的車間後面狹小的木柴間
迪士尼	自家的車庫
eBay	叔叔的車庫
哈雷機車	宿舍房間
戴爾電腦	租來的車庫

後悔的極小化

亞馬遜創辦人傑夫・貝佐斯，對於後悔極小化的概念談過很多——預測未來的自己，想想理論上來說，如果不做哪些事情的話，自己可能會後悔。對貝佐斯而言，這種方法可以確保他在計算後適當地去冒險，因為即便失敗，也不會比沒去嘗試來得更糟。後來，北美冰球職業聯盟最厲害的得分球員韋恩・格雷茨基，還說了另一句值得流傳千古的名言：「你沒射門的話，那一球的失誤率就是百分之百。」

---

* **答案：**美泰兒：自家的車庫。Google：租來的車庫。迪士尼：叔叔的車庫。eBay：自家的辦公室。哈雷機車：朋友的車間後面狹小的木柴間。戴爾電腦：宿舍房間。

有一個問題會讓這個概念更加清晰：華倫・巴菲特 89 歲時，身價是 900 億美元（截至 2020 年 1 月），你認為他 47 歲時身價多少？ 50 億美元？ 200 億美元？如果你跟大部分的人一樣，就會認為他當時身價至少有這麼高；畢竟，就算我們討論的是 42 年的時間落差，還是可以合理認為他當時有那樣一筆錢，現在才會有 900 億美元。

47 歲時，巴菲特的身價是 6,700 萬美元。怎麼可能？要填補 6,700 萬和 900 億之間的鴻溝，這差距實在很大，對吧？他是怎麼做到的？

巴菲特之所以做得到，是因為他沒有壞習慣，而且他會讓自己的後悔最小化。我不認識巴菲特先生，或許他有一些後悔的事是我們無從得知的；但從我所讀過、關於他的內容中，我知道他保持著一個紀錄──持續當一個正派、公正的人，不管是在私人生活中還是專業生涯上都是。巴菲特沒有毒癮、不會背著伴侶外遇、沒有因為賭博散盡家財，也沒有攪進法律問題裡，在公開的紀錄上沒有任何類似的痕跡。看來，巴菲特把自己後悔的可能性降到最低，也因此維持住他的動量。這是讓他的身價可以在 42 年內從 6,700 萬一路上升到 900 億的主要原因之一。

我們將巴菲特走的路跟深夜脫口秀主持人小莫爾頓・道尼（Morton Downey, Jr.）走的路兩相對照一下。1980 年代晚期，道尼有一個在很多頻道上都有播出的節目，那可是比菲爾・唐納修（Phil Donahue）的節目還大，那是在實境秀

的概念都還沒出現之前的一檔實境秀，而道尼則是站在世界頂端，直到他自取滅亡為止。

據說，1989 年 4 月 24 日，道尼在機場洗手間內被 3 名白人至上主義分子攻擊，他們把他打了一頓、剪掉他的頭髮、用麥克筆在他的臉上畫了納粹的卐字紋，警方對他進行測謊，而他也通過了。不久之後，道尼承認整起事件都是他編造的，1989 年 7 月 19 日，他的節目被取消了。1990 年 2 月，道尼訴請破產。

現在，請聽聽第二個事件：在節目上，道尼正在訪問一位吃素的來賓，談她健康的生活方式。他是這樣回應她的：「我跟妳說，親愛的，我一天抽 4 包菸、喝 4 杯酒，我吃紅肉，現在 55 歲，而我看起來就跟妳一樣健康。」

他消逝在大眾目光之後過了很長一段時間，在 68 歲時死於肺癌，如果他有辦法回顧這一切的話，你認為他有沒有可能對自己的某些行為感到後悔呢？當初對他來說，每件事情都是如魚得水，但他卻無法守住這股氣勢和衝勁。且讓他成為你的一個警惕，提醒你有哪些事情是你不想後悔的。

惡習管理

幾乎沒有哪個人會是聖人，而且許多創業家都會有一些惡習，但如果他們養成管理這些罪惡的習慣，就可以有所預防，這些惡習也就不會成為事業的阻礙。我從杜德利‧盧瑟

佛（Dudley Rutherford）牧師那邊學到了會摧毀一家公司／一個人的 4 種貪慾。

4 種危險的貪慾

1. 貪婪
2. 貪食
3. 貪色（女人／男人）
4. 貪賭

面對誘惑，很多人都會認輸。有多少人因為賭博毀了自己的事業和人生？但誘惑不一定是賭博、酗酒、吸毒這種常見的惡習，有些人的惡習是跟錢有關的：他們要嘛是個守財奴，要嘛就是像個喝醉的水手，花錢如流水。因此，他們要嘛無法做出正確的投資（在科技、人才等等方面），不然就是把錢用在很愚蠢的地方，導致自己的公司經營不下去。

有些人的惡習是傲慢：一切事情都圍繞著他們打轉。他們無法承認別人的功勞，在公司裡又要占據聚光燈的焦點、又要錢。很快的，周圍的人就會發現這點，然後頂尖的人才就會離開。

作弊也是一項惡習，有很多創業家特別脆弱的也是這一項。在事業發展的早期，我當時在跟賴瑞搶客戶，他完全把我壓著打，他的生意比我多了三倍，而讓我覺得丟臉的原因可不止一個，我當時有個超級好勝的女朋友，她也在同一家

公司裡，而她也輸給賴瑞，她因此超級抓狂。為了讓她冷靜，我對她說：「聽好，我這樣跟妳說好了：這是一場長期的比賽，執行我們的策略需要時間，我們要繼續按照我們的方式去做，因為這是長期的競爭。」

半年後，美國證券交易委員會起訴了賴瑞，因為他說服客戶從抵押貸款中拿出錢去投資好幾個不同的年金保險。他丟了自己的有價證券證照，還有他的保險公司裡，模仿這個戰術的另外 9 個人也是同樣的下場。賴瑞很有才華，但他讓惡習擊敗了自己，他瘋狂銷售時所建立起的衝勁全都戛然而止，而且是就此永久停擺了。

創業家 5 項致命的原罪

惡習的種類有無限多種，但創業家特別容易受到其中特定幾項誘惑的影響。這些誘惑是你應該要傾全力避免的原罪，因為會摧毀任何你替公司創造出來的衝勁和氣勢。這 5 項具有致命性的原罪是：

1. 太小氣，或是不明智地胡亂揮霍。如果你是運動賽事的粉絲，那你大概曾經目睹過美式足球教練在自身隊伍領先時採取保守的態度應對，因而缺乏會讓隊伍更加領先的得分戰術，於是對手就有機會發動逆轉。教練以為自己很明智，以為自己是在保護這個領先的局勢，但事實上，這種謹小慎

微的做法會讓每個人都很怕出錯，反而讓對手得分。結果，這種「預防性防守」讓他們付出代價：失去勝利的機會。

當創業家很小氣的時候，他們會說服自己是在精打細算：他們已經賺了不少錢（也就是大幅領先），現在需要守成。要記得那句老話：先花錢才能賺到錢。如果不花錢做軟體更新或是發行必要的新產品，你會付出代價。

還有一些企業家會因為花錢如流水，而扼殺自己的衝勁。他們會表現得彷彿自己手上的錢多到數不清似的；他們相信自己很與眾不同，絕對不會有低潮期；他們錢花得太多太快，而且常常是花在錯的東西上，等到他們需要錢來做一些重要的事情時，才發現沒錢了。最後，衝勁就這樣沒了。

2. 讓錯誤的人影響到你。你的顧問會告訴你要讓公司的規模變成兩倍大；你的另一半會堅持應該要裁掉一半員工；你的好哥兒們會建議將你的公司和他的公司合併。這些建議並不一定是很糟的建議，但你需要去分析建議的來源是誰。你要審慎決定該聽誰的、不該聽誰的。錯誤的人有自己的盤算，他們因為想討好你，所以什麼都說好，而不會提出客觀意見。錯誤的人嫉妒你的成功，心裡暗自想要看到你失敗。錯誤的人也可能是你深愛的人，但是他或她沒辦法像你一樣取得所有的情報和資料數據。

要好好思考和消化這些問題，在還沒有分析對方是誰、個性如何、動機是什麼之前，不要被動搖。也要記得，僅僅因為他們在你身邊很久（同事、朋友或是另一半），也不代

表他們的建議是健全且完善的。

3. 有「皇族」心態。你感覺自己可以為所欲為、有無上的權力，而且永遠不會犯錯。你以國王或女王的姿態進行管理，並期待管理的對象服從你、不會對你的說法提出挑戰。你很成功，感覺自己彷彿治理了一個屬於你的帝國，這些是一定的。但是，稍微緩一緩，想想看你這種為所欲為的態度正在造成什麼影響：

- 沒有人會對你的決定提出質疑。
- 沒有人敢向你提出不同的意見。
- 沒有人會願意冒險（簡直就像是害怕被砍頭似的）。

擺出皇族姿態的領導人有朝一日會弄丟自己的皇冠。即便人們不揭竿起義，也會出現一位沒有這種心態的全新領導人，拿下這塊領土。

4. 拒絕因應改變。現代組織之所以如此重視敏捷性，是有原因的。在第 12 章裡，我們會討論到公司有多快就會從《財富》500 大公司與標普 500 指數的排名上掉下來。如果你無法因應改變，很快就會失敗。「轉向」（pivot）是個很有用的熱門關鍵詞，指的是隨著環境的改變，快速轉向的能力。

有太多、太多創業家都深信自己需要待在原本的軌道上，相信自己要更強力去執行一項沒有起作用的策略。僅僅因為 A 策略成功了，讓公司去年發展得很好，並不代表今年

用同樣的 A 策略也行得通。

5. 過分鑽牛角尖，把自己拿來跟其他人做比較。如果你老是在嫉妒對手，可能會看不到更全面的局勢。我是個很好勝的傢伙，如果在我所屬的產業裡有誰做得比我更好，我的反射動作就是找個方法來打敗對方。這並沒有問題。問題在於，你在他人身上（競爭對手、你的姊夫、你的導師）過分鑽牛角尖，卻沒有專注在自己的策略和目標上。你想要的只有打敗你嫉妒的對象，但如果你只在乎這件事，那你就在乎錯事情了，因為公司會失去方向。行家們都擁有非常卓越的專注力，他們知道如果自己因為任何東西而分心，讓這些東西滲透進自身意識裡的話，很快就會失去自己的優勢。

速度的缺點：快速賺到錢的誘惑

你是不是一心想要讓公司壯大？大部分的創業家都是。他們野心勃勃，會詳細謀劃出一套策略，讓他們可以增加新產品和新服務、提高營收、開闢新的領土，以及用其他方式成長。

你很可能會被誘惑去抄捷徑。相信我，你會收到一些提案，可以讓你快速賺到錢，或是提供一些會帶來成長的捷徑。你可能會很想跟某個名聲很不道德、卻擁有關鍵性人脈的人合夥。你可能會試圖向政府官員，或是其他可以對某項違規行為視而不見、把你的提案推到檯面上的人「送禮」。

你可能會投入一項很賺錢的事業，因為你在這項事業裡看見了違反自身道德準則的好處。我的意思並不是你會做出一些違法的事情，但你可能會為了公司的成長而違反自己的價值和原則，而這種做法會帶來不良的後果。

當我的保險公司開始成長的時候，我接到幾通電話，是一些跟我們做了很多保險生意的傢伙打來的，他們要求做一些檯面下的交易。你不知道我受到多大的誘惑，一度想要答應他們。我貪的不是錢，而是衝勁。如果有人邀請我進行檯面下的交易，可以拿到 200,000 美元，我很容易就可以找到理由去合理化這筆交易——接受這筆錢，好讓我可以聘請更多領導者，或是在下一波創新型活動裡有更多錢可以花。

這種生意會誘惑你，但你必須看到接下來五步的行動，才會理解這個做法裡挾帶著毒藥，足以摧毀你的公司。如果我當初做了交易，然後被公司裡那些忠誠的傢伙發現了，我就玩完了。

絕對不要跟你身邊那些忠誠的傢伙作對，如果他們發現你做出相當可議的買賣，可能會發生兩種狀況，第一，他們會說：「嘿，我也想要檯面下的交易。」而你顯然沒辦法跟每個人都做這種交易。第二，如果你跟私下交易的傢伙產生爭執，他會把這件事告訴所有人。他可能會跟你說：「你就給我那張單，我不會講出去的。」但是，當他生你的氣時，就會講出去，然後所有人都會知道你在玩什麼把戲。

保有自己的操守，永遠都是致勝的策略。當你對自己的

操守和正直有所妥協時，就等於是在追求小小的成長，但是卻以更遠大的目標、更大幅的成長為代價；你選擇放棄更好的、持續性的成績，只為了拿下一點點小成績。如果你想要打造一家不怎麼樣的平庸公司，然後再因為疑心病而動彈不得的話，那這種做法的確是最合適的。你絕對可以做得比這更好。

質量 × 速率 ＝ 衝勁

當你的公司聚集了如同一顆巨石滾下坡那麼大的力量，事情就會變得很危險，關鍵在於速度的管理，當你以衝勁為基礎，那其他競爭對手的麻煩就大了。但如果你妄想一步登天的話，那你的債權人也會跟你一樣心急。

混亂之於創業能力，就像是危險的大浪之於衝浪。領土擴張會帶來混亂，如果你不知道怎麼有效地處理這種狀況，就會遇到困境。即便你的世界亂成一團，你還是可以好好思考、消化資訊。不僅如此，你可以從混亂中汲取能量，並利用這股能量，以更大的力度去管理公司。其實我是故意把關於系統的步驟放在這個步驟後面的，如果速度讓你感到緊張，那麼擁有一套可追蹤且可管理的系統，就是完美的解藥。

第 11 章

魔球：設計一套系統來追蹤你的公司

　　在取得資料和數據之前，就先得出一套理論的話，會是個巨大的錯誤。

——夏洛克‧福爾摩斯

■

　　在商界，你要時時問自己：有哪些東西是我可以追蹤的？

　　創業家很喜歡一種說法：「前進吧！讓儀表板上的指針動起來吧！」但是，你一定要先搞清楚那個指針計量的是什麼！如果你每天早上起床後，無法馬上看到可量化的數字，那你的管理就是很沒效率的。那些親力親為操持公司每個面向的大小事的領導人們，等於是還不知道數據的好處。建立體系和公約，會降低你進行微型管理的必要性。一旦學會追蹤公司關鍵的指標，就會明確知道要把精力和專業放在哪裡。

　　執行長要負責確保任務完成，在過去，他們的管理工作可能包含經常四處走動查看並建立執行系統。現在，一切都

是根據數據，執行長通常都有很強烈的人格特質和與眾不同的才華，有些人很自以為是又大膽，會利用自身性格裡的攻擊性來達成交易；有些人則是很機靈、有創意，高度依賴創新的點子來維持公司營運。因此，比起系統，我們通常更仰賴自己的性格。如果你的野心沒那麼大，這種方法或許還可以，但如果你想要打造出具永續性的大型公司，那你還需要仰賴系統。

我非常相信系統：數據系統、程序系統、處理系統。系統能讓你貫徹你的行動，也可以進行後續的行動和追蹤，系統還會讓你有辦法打造出一種公司文化：所有事情都明確到不行的文化。當你試著要讓公司更進一步成長，而你不確定哪個選項是最佳做法時，那麼不同市場的數據就能讓你做出正確的選擇。當你試圖搞清楚如何解決一個傷腦筋的客服問題，數據可以幫助你推行一套讓其他顧客都滿意的系統。

了解怎麼研讀數據並使用數據來追蹤你的公司，對任何一位執行長來說，都是有辦法從谷底翻身的技能。身為一名厲害的業務或是聰明的策略家，可能會讓你在圈子裡成為紅人，但是到了某個時間點，要讓公司有爆發性的成長，光是有美好的人格特質是不夠的。

數據導向的判斷與執行

當我還是個青少年時，我會去買《洛杉磯每日新聞》

（*Los Angeles Daily News*），然後貪婪地讀完體育版。當時閱讀英文讓我很挫折，但是數字的話，給我越多越好。我會花上好幾個小時鑽研比賽分數，像是個瘋狂的科學家。在所有體育項目中（至少從報紙上看來），棒球呈現出的最像一個謎團、最令人困惑。

2011 年，我在讀麥可‧路易士（Michael Lewis）的《魔球：逆境中致勝的智慧》（*Moneyball: The Art of Winning an Unfair Game*）時，才發現那些年我在研究比賽分數中學到的東西，可以應用在我的公司上。雖然我一直都是很厲害的業務人員，也發展成實力堅強的業務經理，但我的工具箱裡又加入了分析的技能，讓我躍升成名副其實的執行長，有能力擴張自己的公司。

《魔球》的故事是在說奧克蘭運動家隊的總經理比利‧比恩（電影由布萊德‧彼特〔Brad Pitt〕飾演同名的角色）如何將預測性分析應用到棒球上。在他的諸多頓悟之中，有一項發現是比賽的勝利與否，上壘率比平均打擊率更重要，而球員、經理人和體育記者一向都是以打擊率為尊的。現在回頭去看，這件事似乎是相當明顯的，但卻有長達幾十年的時間，上壘率這項指標的價值都被低估了。在小聯盟裡，教練會說：「上一次壘，跟一次成功的打擊一樣好。」但即便如此，在這種運動賽事裡，連最厲害、最聰明的那些人對數據的分析都會出錯，而且僅僅因為業界一直以來都是這樣做的。

創業家有義務考慮到接下來的行動會如何讓整個產業都

脫胎換骨，並藉此徹底改變一貫的思維。就像我受到比利·比恩的啟發一樣（2019 年我訪問了他），我希望你把分析的方法應用到公司裡。對你來說，上壘率對應的是什麼？你是不是過於強調營收，卻不夠重視邊際效益？公司的薪酬結構是否會造成大家紛紛開關新客戶，卻因此放棄向老客戶持續推銷的狀況？

你將會發現，閱讀這些比賽分數替我打下了基礎，讓我在擴張公司時可以往前大大地邁進一步。

用數據和邏輯（不然就聘請一個關鍵人物）預測未來

最優秀的創業者，總是會先看到接下來至少五步的行動。他們專注於當下、此時此刻的事情，但他們也必須預測未來可能會發生什麼事。他們需要替轉向做好準備，不管什麼樣的改變向他們襲來，都要做好準備，讓速度可以跟上。

你是不是發現有一個新的競爭對手出現了？如果是的話，你可以採取什麼行動來對抗那名競爭者？你認為所屬產業馬上就要分崩離析、變成一堆小小的利基市場了嗎？如果是的話，現在實施哪些策略，可以讓你在明年與未來幾年稱霸所屬的利基市場？

若是替未來可能發生的事情提前做好準備，那麼當你把市占率偷過來時，沒這麼做的競爭對手就會手忙腳亂、慌張不已。面對趨勢和其他別的變化，你將會冷靜以對，與此同

時，其他公司的領袖則是心浮氣躁的。

沒有人可以預知未來，但如果你收集了數據、對情境的走勢進行預測，就可以**對趨勢做出有邏輯的推論**。麥可·路易士還有一本書《大賣空：預見史上最大金融浩劫之投資英雄傳》（*The Big Short: Inside the Doomsday Machine*），很漂亮地說明了這個概念。這是個真實故事，關於一位避險基金經理人麥可·貝瑞（Michael Burry）（在電影中由克里斯汀·貝爾〔Christian Bale〕飾演），他在 2005 年預測到房地產破沫化會引發重大事件，進而讓整個銀行業崩潰。根據貝瑞的說法，滿地都是證據，顯示馬上要出事了，只要想看的話，誰都看得到這些證據的存在。但是，貝瑞的同儕們忙著撈錢，沒空去擔心自己接下來幾步的行動。至少在一段時間裡，外行人看起來似乎都很聰明，因為他們短期的表現很亮眼。與此同時，行家貝瑞看到棋盤上的局勢、預測到市場最終的走向，所以他早就已經在籌劃自己未來的行動了。

他把大型銀行都跑了一遍，包括貝爾斯登、德意志銀行以及美林證券，並說服他們去做出一項新的金融商品，讓他可以跟整個產業對賭。貝瑞的團隊和基金的投資人都認為他瘋了，畢竟，產業裡看來沒有任何人在擔心房地產泡泡會破滅。然而，因為貝瑞此前已經證明自己有看穿未來的能力，於是他的投資人也授權給他，讓他大膽行動。

他買下價值好幾億美元的「信用違約交換」，而他最一開始的幾步走得並不成功，那時他的投資人幾乎都要群起反

抗了。貝瑞沒有因此被嚇倒，依然堅持自己的立場。當次級房貸市場垮掉時，這些違約交換帶來了超過 500% 的報酬。每位投資人都可以跟貝瑞取得一模一樣的數據，但他們都忙著處理當下的狀況，沒空去想接下來的幾年可能會有什麼樣的後果。因為貝瑞夠勤勞，拆解了這些數據，並有著行家級的先見之明，因此能夠預測未來、有所獲利。同樣的，要啟動一項創新性活動的話，有時就是需要這種程度的計畫和耐心。

我理解你可能要嘛沒時間，要嘛就是沒有像貝瑞那樣的數學思維，所以我要來說下一個重點。這麼多年來，有一個問題是我被問了無數次的：「要讓公司擴張的話，我能做出的最好投資是什麼？」隨著我的成長，我對這個問題的回答也一直在變。而現在，我的回答則一直都是這樣的：「花個幾十萬美元，聘請一位擅長預測型分析的專家。」

如果你看過《魔球》，那可能還記得保羅・德博德斯塔（Paul DePodesta）（在電影裡是由喬納・希爾〔Jonah Hill〕飾演，德博德斯塔現在是國家美式足球聯盟中克里夫蘭布朗隊的首席決策官）正是比利・比恩的祕密武器，他是負責數字的那個，不只會大量消化統計數字，還會用新的思維框架做出分析。德博德斯塔擁有哈佛大學經濟學學位，也是球團辦公室裡的書呆子。比利・比恩自己從來沒有發展出德博德斯塔的分析能力，因為比恩聘請了德博德斯塔，所以他就不必具備這項能力了。

去找到你的德博德斯塔吧！成功的創業家必備的一項關鍵性技能，就是聘請比自己聰明、可以彌補自身弱點的人。有鑑於現在局面上的玩法，你還是要精通預測型分析的領域會比較好。

為了擴張，要有系統地編纂知識，以傳授給其他人

想像你正在請達文西或是米開朗基羅，又或是畢卡索教你畫畫。他們很難解釋自己那套方法，就算他們有辦法解釋，我也要先祝你執行時一切順利啊！藝術家的天賦（或者是世上任何天賦）是無法轉移的。那麼創業家、領導人、教練的才能呢？

我們已經談過比爾・貝利奇克的明智帶來 6 場超級盃的勝利，而國家美式足球聯盟中有幾個隊伍認為貝利奇克的天賦一定是可以移轉、傳授的，所以他們僱用了貝利奇克的助理們來當總教練。他們的邏輯很簡單：沒有誰會比那些曾經親自近距離看過貝利奇克帶隊時的教練更好了。真是個好主意，只是，羅梅奧・克倫內爾（Romeo Crennel）、艾瑞克・曼吉尼（Eric Mangini）、喬許・麥丹尼爾斯（Josh McDaniels）這些總教練的失敗，已經證明了這個方法並不成功。

國家美式足球聯盟球隊的擁有人非常急切地想要拿到貝利奇克的祕密配方，所以他們持續僱用他的子弟兵，像

是麥特‧派翠西亞（Matt Patricia），派翠西亞擔任底特律雄獅隊總教練的前 2 個賽季中，他們只贏了 32 場比賽中的 9 場。或許這可以告訴我們，讓球隊在超級盃中贏球的教練技巧是無法傳授的。（但是貝利奇克的一些徒弟們卻展現出成功的跡象，翻轉了這個趨勢，例如邁兒‧弗瑞貝爾〔Mike Vrabel〕、比爾‧奧布賴恩〔Bill O'Brien〕、布萊恩‧弗洛雷斯〔Brian Flores〕。）

現在，讓我們來看看比爾‧沃許（Bill Walsh），他帶領舊金山 49 人隊從 1979 年的贏 2 場、輸 14 場，到 3 年後拿下超級盃冠軍（沃許拿下 3 場超級盃勝利中的第 1 場）。他第一線的團隊裡有 7 位助理後來成為總教練，其中包括超級盃冠軍喬治‧塞弗特（George Seifert）和邁克‧霍爾姆葛蘭（Mike Holmgren）。霍爾姆葛蘭則有 5 位助理後來當上總教練。2007 年，也就是沃許從 49 人隊退下來的 19 年後，國家美式足球聯盟裡的 32 個總教練中有 14 個若非他的直系弟子，就是他的徒孫、曾徒孫。

貝利奇克跟沃許之間最大的差異是什麼呢？貝利奇克以保密聞名，而沃許則是以他的清單和列表而出名。沒錯，清單。沃許的天賦之所以能被傳授給其他人，原因在於他有系統地編纂知識，並分享出去。有些人可能會認為貝利奇克更稱得上是一位天才，因為助理很難從他身上學到東西，更遑論打敗他。但是，他到底有什麼理由會想讓助理可以輕鬆從他身上學到東西，然後讓自己被打敗啊？把知識公開的話，

對他一點好處都沒有。然而，反過來說，如果大家都可以取得你的知識，對你可是大有好處。假如沒有建立起一套系統，讓公司即便沒有你也能營運的話，公司是無法擴張的。

你需要做出屬於你的清單，也必須製作一些指南（一座影像圖書館可能比紙本筆記更有效率）。你必須編纂你的知識，如果這些知識只存在你的頭腦裡，那你就有事情要做了。假如你想要擁有一家可以永續經營的企業，那就編列出你所知道的一切，並將這些知識確切地傳授給組織裡的每個人。

為了找出漏洞與趨勢，要讓數字可被看見

如果你路過我們的辦公室，你會看到四處都是螢幕和資料的串流，展示出所有數據和資訊。我們在做的是創造當責性，並強調極端透明的重要性。因為每個人都會看到所有東西，所以這是一個非常棒的方法，鞭子和胡蘿蔔雙管齊下，而且什麼都不用說、什麼也不必做。因為數字就擺在眼前，表現好的人會覺得自己受到認可，而表現差的人則會覺得不舒服。如果後者太不舒服的話，那更好，他要嘛會努力想要表現得好，避免更尷尬的狀況，要嘛就會離開公司。**透明性是促進表現的終極特效藥**。然後，當這個方法還是無法讓表現很差的人動起來時，他們就會把自己清理掉──這就是你想要的。你可能會說這很殘酷，但我會說這很有效。

回到分析的話題。當我眼前有一切數據時，我會找兩個東西：漏洞和趨勢。漏洞會警告我有些事情是缺乏效率的。例如，假設我在保單申請的遞交數量中發現一個高峰，但是，從總部到承保單位的處理時間卻變慢了，我就會懷疑有漏洞存在。數字會給我一些線索，讓我知道要往哪邊看。問題是出在處理申請的人數嗎？還是沒找到對的人來做這件事？又或者是這個程序本身的問題？如果我隔天看到處理時間又變慢了，我就會真的很擔心是不是哪裡有問題。就此刻而言，我覺得我們挖角到對的員工，對於科技的投資也有成效；那為什麼處理速度會變慢呢？雖然數據不會提供答案，但會讓我有所警覺，知道有問題需要處理。

　　我也會去看趨勢。就像是股票分析師那樣，我會觀察折線圖，看看事情動得有多快。為什麼今年前 3 個月會出現跌勢呢？為什麼 5 月的銷售會衝得這麼高呢？我們做對了什麼事，又有什麼是不應該做的？從數字開始往下深挖，會讓我可以我們校準做事情的方法，以提升成效。

　　大部分的企業都會有某種程度的淡旺季，零售業很依賴黑色星期五，就像是電影製作公司很仰賴節日電影一樣。這也是為什麼零售商硬是創造出開學大特價，以及為什麼線上零售業者會創造出網路星期一。通常，我看見的問題是「盲目地接受」這些趨勢，12 ～ 2 月、6 ～ 8 月，一直都被理所當然地認為是這個產業裡銷售速度較慢的月分。當我開始分析數據後，發現有 75％ 保單都是在這 6 個月分之內售出的

（3～5月、9～11月），不過，當我更深入去看時，就發現這件事情沒有任何好理由，這並不像是經營滑雪場，需要依靠天氣來維持運輸狀況。

這件事情告訴我的是，保險經紀人打從心底就不會想在這幾個月出外銷售，這樣的話，他們就只是有了先入為主的觀念而已。因為產業整體和同儕都會在某個時間點慢下來，他們只是跟風照做而已。因為我的競爭對手認為這是理所當然的，也就接受了這件事，因此在某些特定期間內，他們就要忍受糟糕的成績，而我則是將之視為機會。

我是怎麼回應這些數據的呢？我進行了創新型的活動，目標鎖定在提高淡季的銷量。我也改變了我們最負盛譽的會議旅遊的時間，好讓銷售變成夏季最重要的一個項目。然後，我效法瑞‧達利歐，做了一組棒球卡，上面有每個保險經紀人當年的統計數據。因為大家都知道這些卡片會在 1 月 15 日印製，屆時公司每個人都會看到他們的表現，所以 12 月的銷售就整個衝上去了。在我揭露、分析這些數據的 2 年之內，我們銷售淡旺季分布的百分比從 75 ／ 25（旺季／淡季），變成 55 ／ 45，換句話說，我們幾乎把這個產業的淡旺季規則打破了。光只有數據不會解決問題，但會讓我們對問題有所警覺，進而追蹤自己解決問題的進程。

當我們有了一次勝利之後，我就開始檢視一個月內各個部分的趨勢。如此一來，就可以看出我們在哪邊比較弱，以及如何設計獎勵計畫，免得大家到了月底都會發瘋，想要收

一收不做了。自從我們開始追蹤這件事情，每個月的銷售就
開始變得比較平衡。

　　所有執行長都應該看看自家的數字，找出漏洞和趨勢，
接著用所知的資訊來驅動自己的判斷和執行。

相信數字，不要相信人

　　當你在經營一家公司時，你不能認為其他人會跟你說實
話，事實上，你也不能完全相信自己。其他人會有自己的盤
算，他們想要執行某個特定的計畫，而且對於這個計畫的成
功，設想得過分正面。有時候，他們甚至不會意識到自己扭
曲事實到什麼程度。

　　創業家可能也會犯同樣的錯誤。你說服自己，認為自己
有辦法讓一項新產品成功，但那是你的自尊在替你思考，而
非你的邏輯。或者，因為你喜歡某人，就讓他升官，而不是
因為他很努力，替自己贏得晉升。

　　數字會幫你讓每個人都實話實說。

■　　■　　■　　■

　　會帶來營收的那些員工大部分都有 A 型人格，他們是很
有攻擊性、很有自信、很有決斷力的一種類型，而這些特質
在商場上很多面向都相當有用。然而，A 型人格的人都很善

於自我推銷，作為一位執行長，你必須能夠分辨自我推銷與真正的成就。

方法是這樣的，每當有人跟我說他工作有多認真，以及他做出了哪些成果，我劈頭就會先問：「你的成交率是多少？」

假設我是在跟保羅聊這件事，而他回答：「50％。」

「太棒了，現在我想知道，你平均每位客戶的銷售額是多少？」

「2,000 美元。」

「所以，如果你去提案 10 次，然後做成其中一半的生意，那麼銷售額是 10,000 美元。」

「沒錯。」

「好，那我問你，為什麼上一季你銷售額最高的月分只有 6,000 美元？」

你以為你已經知道答案了。但你可能不知道，你的王牌是沉默。這時候並不適合化身為亞歷．鮑德溫在《大亨遊戲》裡飾演的角色，大叫：「放下你手上的咖啡！咖啡是給那些拿下生意的人……『那些潛在客戶很弱。』……弱的人是你！」

與其說出一個假設或是質疑保羅工作是否認真，你只要保持沉默就好了，讓他來回答問題。在某個時間點，保羅開始說話了。當然，他會生氣地抗議，表示他並不懶惰。「你為什麼要生氣？」我問：「我只是在複述你給我的數字而

已。」保羅已經開始思考，他抗議自己並不懶惰，但他知道數據顯示出的是相反狀況。沒有必要去修理他，只要看著這個過程發展就行了。

差勁的經理人會用質性的資料，他們不用數字，而是用「文字」來對一個情況做出分析，他們會說這個人很懶惰、不誠實或是缺乏動力，但這些文字對於解決問題沒有任何幫助。另一方面，數據則會指出解決的方法。**藉由數據，你可以緩和當下的情緒，專注在數據上則能讓其他人認清現實。**這不只提供了改善的動力，也讓你保有與其他人的良好關係。

在這個情境裡，要解出 X 的值似乎很直觀，保羅帶來的收入，唯一的變數就是他提案的次數、成交率，以及每位客戶的平均銷售額。假設最後一項變數 2,000 美元是固定的，那麼要賺更多錢只有兩種方法：增加提案次數或是改善成交率。當你對這些數字進一步深挖時，就會發現保羅的成交率真的是 50%，問題在於他只做過 6 次提案。

在進行投資時間報酬率的分析時，我們需要探討數字，同樣的，此處我們也要做得更深入。數據顯示保羅提案的次數不夠多，而提案次數取決於他抵達提案階段的前一步：客戶探勘。問題在於他帶來的潛在客戶不夠多，這就是你要解出的 X。

他在社群媒體上做的行銷是不是減少了？他是不是脫離了原本的人脈圈？他是不是不再打電話聯絡老客戶了？還是說他不再打推銷電話了？當你在衡量他的提案數與成交百分

比的時候，就是走對方向了。再往下挖，你會發現下一步就是重新考量他探勘客戶的策略，並設法予以量化。為了得到一些有益的想法，我們來看看大公司如何使用數據管理銷售團隊和業務人力。

數據分析，不只是解出 X 而已

Lanier Worldwide 是一家位於亞特蘭大、提供辦公用品的公司，因為其銷售人員的訓練品質而備受肯定。這家公司對於影印機銷售人員的衡量標準很簡單（這是 1994 年格雷格·丁金還在那裡工作的時候）：

- 每天打 20 通推銷電話
- 每天做 2 次產品演示
- 成交率 10%
- 每週成交一次，每次成交的佣金是 1,200 美元
- 因此，每週的佣金是 1,200 美元

對於剛從大學畢業的人來說，你可以理解這套話術有多吸引人。一週只要賣一台影印機，年薪就可以達到 6 萬美金。更好的是，你只需要在其中 10% 的產品演示中成交，就可以達成業績目標了，這組方程式是 Lanier 公司利用多年數據算出來的。當然，困難之處在於平均而言，你一週至少

需要打 100 通推銷電話，才能做成一筆生意。

假設克里斯很傑出，成交率高達 50%，當你在看他的週數據時，會看到他平均每週的佣金是 2,400 美元，他完全是這方面的翹楚，更是辦公室裡第一名的業務，真是匹優良的種馬！然而，你看到問題出在哪了嗎？我們需要再次提到質性數據：他是匹「種馬」，這並沒有告訴我們任何事情。當我們順著數字往下挖，看到克里斯 50% 的成交率，我們就開始困惑了。該是破解 X 值的時候了。他每個月的數字看起來是這樣的：

- 每天打 X 通推銷電話
- 每天做 X 次產品的演示
- 成交率 50%
- 每週成交 2 次，每次成交的佣金是 1,200 美元
- 因此，每週的佣金是 2,400 美元

要找出產品演示的次數很容易，既然他有一半的演示都會成交，顯然他一週會做 4 次產品演示，但是推銷電話呢？在哪都找不到這個數字。順帶一提，這個故事是不是會讓你想到我剛剛才說過的保羅的故事？我這麼做是希望你找出一種趨勢，最有能力的員工經常光靠才能就蒙混過關。如果可以輕鬆得手，大家就會安逸下來，這是人性。作為領導者，你的工作就是去挑戰最有才能的員工，讓他們徹底發揮才

能。如果你不懂數字，那像是克里斯和保羅這樣的人就可以舒舒服服地過日子，然後完全大材小用了！他們不應該只有這樣——在賈伯斯的管理下不應該、在貝利奇克的管理下不應該，在你的管理下也不應該。

要理解克里斯到底是怎麼一回事，讓我們來檢查一下數字。如果他一週會做 10 次產品演示，成交量就會是 5 次而不是 2 次，每週佣金就會是 6,000 美元而不是 2,400 美元。因為他是辦公室裡最厲害的員工，他的老闆也沒有《魔球》那種心態和思維，沒有人會花心思去追蹤他的活動，所以克里斯就不再探尋新的潛在客戶了。當你挖得更深，就會發現他一通推銷電話都沒打。那些商品演示都是來自於人家轉介或是老客戶。

最簡單的答案是什麼？叫克里斯打更多的推銷電話。但是你應該要知道這是個陷阱題，商業上沒有簡單的答案這回事。數據會帶領我們，讓我們搞清楚是什麼原因讓克里斯大材小用了：缺乏潛在客戶。然而，光是數據，並沒有辦法分辨出世界上的比利‧比恩、保羅‧德博德斯塔跟其他人有什麼差別。重要的是將數據結合分析。如果克里斯這麼厲害、一直都有辦法拿下單子，我第一個想法就是找更多的潛在客戶給他。如果公司有很會開發潛在客戶、但不擅長成交的員工，我會想辦法把他們兩人的能力結合起來。

在我這麼做之前，我會先問克里斯這個問題（你已經猜到了）：「你想要成為什麼樣的人？」

偉大的領導者會在數據和人性中間找到交叉點。就像是個聰明的醫師在驗血一樣，他們用數據診斷出問題，接著就會用他們的專業來找出解決的方法。對於某些創業家來說，數據是最無聊的部分，他們對數字沒興趣。但我希望這些故事可以讓你理解，我對於數字如此著迷的原因，尤其是當我利用數字來獲得競爭優勢的時候。

　　我先前提過很多次，在書上閱讀如何解決一個問題，帶來的幫助很有限，你需要把這些資訊實際拿去應用在自己的事業裡。我給了你一個簡單的公式，讓你可以追蹤自己在銷售上做得有多成功。如果你從事貨運業，用的公式就會非常不一樣，在繼續往下讀之前，你要先想出三組用來追蹤公司的公式。理想上，這些就是你每天開始工作時要看的第一組數字。

沒有系統，產生指數型成長的機會就很有限

　　你可以看得出來，文字不足以告訴你在公司裡發生了什麼事情。沒有數據或系統的人，會說這些話：

　　「大致上……」
　　「我認為我們現在……」
　　「大約……」
　　「我認為我們做到了……」

那些會擴張和成長的公司，最終都會創造出一套有效的系統。如果你相信單靠人格特質就可以讓公司有所成長，那你的公司就會變成是無法預測的。你需要創造出一些系統和規程，減少親自進行微型管理的必要性。

建立並推行系統的 5 個理由

1. 可以進一步擴張，並改善你所量測的標的。
2. 釐清要把精力和專業放在哪些地方、哪些人身上。
3. 不必再親力親為進行微型管理，可以賦權給員工。
4. 你的員工，尤其是表現最好的那一群人，無法氣燄高張地欺騙你。
5. 你將會更成功，同時也更自由。

談論創建系統是一件事，執行又是另一件事了。當你很專注在銷售上時，要從那些會帶來營收的活動中收手是很難的。製作說明手冊與系統對我來說並不容易，對你而言可能也很困難。此外，跟開支票比起來，把支票拿去兌現要容易得多。你需要啟用的科技和聘用的人都不便宜，如果你只想開一人公司，而且不用成長，那就不用對系統做出投資。

如何讓企業增值

在經營一家公司的過程中，要慢下來建立系統，當然，

說的比做的容易。如果你擁有業務背景，那可能會有一種心態和思維：「先拿到合約再來擔心。」假如你想要繼續當個體企業家，這可能是可行的。但如果你不只是對利潤，而是對增值有興趣的話，那就需要慢下腳步，也要花夠長的時間來創造出一套系統。

　　一家靠系統來營運的公司，跟一家單單靠實務經驗與知識來營運的公司比起來，前者更容易增值。你需要記錄系統的流程，並製成文件。當新員工進來時，你會採取哪些步驟讓他們融入？你需要記錄每個步驟，對於公司其他所有事情也是一樣，例如有人購買產品之後要進行的步驟、在銷售之後需要跟進的步驟等等。靠系統和流程營運的公司會增值，是因為它們有自己的生命，而不是仰賴某個人才能活下去。當然，企業還是需要一名駕駛，然而，要是有個系統能夠到位，就能讓公司增值，並達到完全不一樣的等級。

利潤（短期目標）	價值（長期目標）
在公司裡工作，現在就讓公司賺錢	替公司做些什麼，以利日後增值
即時享樂	延遲享樂
業務心態	執行長心態
獨立承包商的心態	企業主的心態

■　■　■　■　■

你不能只是單純量測數據而已，還需要分析，就像他們在華爾街所說的那樣，要順著行情交易。當這些數據製成圖表後卻顯得很不漂亮，你的自尊就會開始攪和，開始找方法來合理化你走下坡的事實。只要預期到會發生這種事，你就可以避免。數據不會說謊。

　要擁有可分析的程度的數據是個大工程。根據經驗，我可以告訴你，這個過程會相當索然無味，而且還很痛苦，特別是如果你將自己視為有遠見的人，或者是一個沒耐心的業務員，不願做無法立即帶來報酬的工作的話，更是如此。我有很長一段時間都十分抗拒這件事情，然而，不管是因為讀了《魔球》，還是因為恐慌症發作帶給我的折磨，我終於學到，要經營一家有規模的公司，唯一方法就是建立系統，並追蹤數據。

ⅠⅠ➡ 第 12 章

要疑神疑鬼，行家從來不會放鬆自己的戒備

　　我認爲英特爾能夠持續成功是因爲一個特性，就是隨時隨地對於威脅保持警覺，無論是科技上的威脅，或是環境中的競爭者都一樣。「疑神疑鬼」指的是一種態度，那種總是可以看向未來、找尋有什麼事情會威脅到自身成功的態度。

　　　　　　──安迪・葛洛夫（Andy Grove），前英特爾執行長暨董事長

■

　　商場即戰場。換句話說，和平在商場上是不存在的，你可以是市場上的領頭羊，你可以創造很高的利潤，你可以認爲自己可以放鬆，只要順勢而爲就行了，但總會有人虎視眈眈、蓄勢待發要對你發動攻擊。當一切順利的時候，你可能會感覺到和平的假象，但那只是假象而已。如果你的戒備稍微鬆懈，哪怕只有一秒，都會讓你在面對攻擊時脆弱不堪。

　　歷史是最好的老師。我們常常提到「《財富》500 強公司」這種詞，甚至都忘了其源頭是什麼。1955 年，《財富》

雜誌的一位編輯埃德加‧史密斯（Edgar P. Smith）發表了一份排行榜，是美國年度總營收最高的 500 個企業，而現在，這張榜單上有公開上市的公司，也有私人公司（如果他們的營收可以公開查詢的話）。猜猜看，在最初那 500 個公司中，還有幾家依然榜上有名？一半？200 家？即便只有 20% 成功留在榜上，還是有 100 家公司。

試試 52 這個數字。

你以為在市場上持續占有重要地位是很容易的嗎？波音、康寶濃湯、高露潔－棕欖、迪爾公司、通用汽車、IBM、家樂氏、寶僑、惠而浦，是少部分 1955 年和 2019 年都在榜單上的公司。你認為其他公司不以摧毀他們的競爭對手為目標嗎？尤其是最大的那個競爭對手？第一代《財富》500 強公司當中，有 89% 不是破產就是掉出榜單之外（有些被併購了）。商場是浴血的大屠殺。當你覺得自己已經進入安全地帶的那個瞬間，就會是你最脆弱的時刻。

接下來的這組數據不是會讓你感到很興奮，就是會讓你嚇一跳，這要看在公司的生命週期裡，你處在哪個位置。我是在經濟學教育基金會（Foundation for Economic Education, FEE）的網站上找到這組數據：

根據 2016 年 Innosight 諮詢集團的報告〈集團壽命：大型組織前方的亂流〉（Corporate Longevity: Turbulence Ahead for Large Organizations），1965 年在標準普爾 500 指數裡的

公司，平均待在榜上的時間是 33 年，到了 1990 年，標普 500 裡公司的平均上榜期間縮短成 20 年，並預期在 2026 年會縮短成 14 年。以目前的流失率來看，**今天標普 500 裡的公司，有一半會在下一個 10 年被別的企業取代**，因為「我們進入了一個時代，在各個不同的產業之間，領頭公司此一位置的波動越來越大，而下一個 10 年可能會變成現代史中最動盪的 10 年」。

科技和社群媒體很容易讓世界重新洗牌，並讓大家都站在平等的位置上。因此，要持續占有一席之地變得更難了，但是，要打敗那些大傢伙也變得更簡單了。如果一成不變的話，是無法保住自身位置的。假如你沾沾自喜，哪怕只有一分鐘，你就完了。

每天都很迫切：保持警覺，要活下去

最成功的創業家都有一項特質：高度的迫切感。對他們來說，每天都是一場戰鬥，他們也把每一場戰鬥都當成是生死攸關的大事。這讓他們擁有那種迫切的能量，轉譯後就會變成商業優勢。你不會想要跟這種人競爭，重點不在於他們比較聰明或是才能比人強，而是他們工作得比你更勤，並且對於獲勝非常執著。在《戰爭的 33 條戰略》（*The 33 Strategies of War*）一書中，羅伯・葛林說道：

你是自己最大的敵人,你會浪費寶貴的時間做夢、幻想未來,而不是活在當下。因為在你眼裡沒有什麼事情是迫切的,你在做事情時只會放一半的精力……你要切斷你跟過去的牽絆,進入未知領域,在這之中,只有依靠自己的機智和精力才能順利通過。要置自己於「死地」,讓自己沒有退路,只能拚命戰鬥才有辦法活下來。

我不是叫你要疑神疑鬼到發瘋的程度,而是要保有疑心、保持警戒。在這種狀況下,對於哪些事情會出錯,你會保有警覺,但也不會過度偏執。你會意識到潛在的危險和陷阱,而且你的天線是豎起來的,準備好在事情出狀況時也接收得到訊號。

想想看戰爭片裡常見的一個場景:有個小分隊上場戰鬥後取得勝利,抓到一個壞蛋,當晚就準備安穩地休息了。他們慶祝著自己的勝利、跟當地的女子飲酒作樂,喝到不省人事,接著到了半夜,會發生什麼事?他們就被突襲了。他們放下了警戒,而敵人就是利用這一點。

當我還在軍隊的時候,有句話說:「保持警戒,要活下去。」這在商場上也一樣,對於那些可能會出錯的事情,你要有警戒心。不要天真地認為你的員工都很忠誠、很努力,即便沒人監督也可以運作得很好。不要認為你已經碾壓了所有的競爭對手,以為沒有人會想出辦法挑戰你的地位。不要相信那些過去替你帶來成功的創舉,也會繼續替你鋪設通往

未來的道路。

　　厲害的將軍都有疑心病，而他們回應這種疑心病的方式，是制定出一個又一個偉大的策略。如果你有能力想出比對手更好的策略，那麼面對可能出錯的事情，你就可以保護好自己。不要即興發揮，不要從頭到尾都只依賴一項策略，甚至連這項策略變得陳腐不堪都還在用。要根據條件的變化繼續發想出新鮮的計畫，對於趨勢要防患於未然，要有策略到位，才能從趨勢中獲利。

　　從拿破崙到巴頓 [16]，每個將軍都精通這項技巧，而每位企業領袖也需要精通。為什麼數字到了 2 月就會掉下來？為什麼每次在期限將至時，都趕得要死要活？為什麼很多會議都變成是在大吼大叫、推卸責任？為什麼過去半年內損失了 3 個大客戶？這種問題應該要讓你停下腳步，去調查更深層的原因是什麼。你要看看能否找出隱藏在表面之下的問題。疑心病會帶來好奇心，而好奇心會帶來解決方法，這個時候，疑心病就起到該有的作用了。

你做得越好，就越脆弱

　　成功會讓疑心病消散。這可能看似很違反直覺，但是，

---

16 譯注：George Smith Patton，美國二戰期間著名將領，人稱「血膽將軍」。

想想看當每件事情都很順利的時候，會發生什麼事？你可能有過這種經驗：你贏了一次又一次，然後突然之間，不知怎麼的，就莫名其妙地失敗了。之所以會這樣，是因為你開始沾沾自喜，因為你不再是產業中最飢渴的人，因為你覺得自己已經從需要疑神疑鬼的階段畢業了。

我要跟你說說瑞克身上發生的事。他是我的一位好友，曾經在洛杉磯擔任刑事辯護律師，不只是隨隨便便的刑事辯護律師，而是最頂尖的菁英之一。在 1970 和 1980 年代時，他成為有權又有錢的毒販的代表律師，而這些人邀請瑞克跟他們一起狂歡。當他對古柯鹼上癮後，就再也停不下來了。他們介紹他認識《花花公子》的玩伴女郎，而瑞克很快就跟其中——不是一位——而是同時跟兩位約會！在一連串糟糕的決定，以及跟古柯鹼有關的違法行為之後，瑞克被判處 20 年徒刑，律師執照也丟了。等他終於出獄之後，便開始銷售行銷用的物件，像是筆和 T 恤。月收入大概是 3,000 美元左右。

我問過他在高中是個怎麼樣的人，而他當時已經快要 70 歲了，他說：「我是個很普通的傢伙，我太太是我高中時代的女友。」我們聊天的同時，他被自身成功沖昏頭的這件事也越來越清晰可見。當他的法律事業開始起飛，大家對待他的方式，就彷彿他是美式足球隊隊長似的，女人也開始前仆後繼貼上來。他是個大器晚成型的金童，而毒品的魅力在向他招手，瑞克沒能抗拒。就像很多成功人士那樣，他想

像不到自己的事業怎麼可能會出差錯（記得小莫爾頓・道尼嗎？）。因此，面對這種成功，他並未有所準備，最後也摧毀了他。我想到瑞克就很傷心，他在 2019 年過世。他是個很好的朋友，心胸開闊，但走錯一步棋（嘗試古柯鹼）就讓他一步錯、步步錯，最後他的人生和事業同時被將軍。

布芮妮・布朗（Brené Brown）是一名教授兼暢銷書作者，她在 TED 上有一場演講叫做「脆弱的力量」（The Power of Vulnerability），觀看次數超過 5,300 萬，她理解同儕壓力會有打敗我們的可能性，她說道：**「勇敢劃清界線，意思就是當自己可能會讓別人失望的時候，有勇氣去愛自己。」**愛自己通常會翻譯成向別人說「不」的能力，我真希望瑞克當初夠有智慧、採納了這項建議。

你可能會記得羅伯特・夏比洛（Robert Shapiro）這位替 O・J・辛普森辯護的律師，他一直都是一位成功的律師，重點是即便他很成功，也依然保持住自己的衝勁。他成功從刑法轉換到民法領域，當我在訪問他的時候，我向他詢問了刑事辯護的工作狀況，也問他有沒有被客戶引誘過，說要給他毒品或是美女？夏比洛答道：「我從來不跟客戶有任何進一步的關係或是友誼，我會跟他們保持一定的距離。」跟瑞克相反，夏比洛劃出清楚的界線，並維持著自己的動量，即便在成功出名之後也是一樣。

面對意料之外的關注、奉承，以及其他成功所帶來的好處，創業家需要做好準備，尤其是當他們對於這類型的關注

不太習慣時。他們需要認知到，如果自己相信了那種浮誇的信念，狀況就必定會急轉直下。

羅伯‧葛林和喬丹‧彼得森（Jordan Peterson）也給了我類似的建議：不管你是跟誰分享好消息或壞消息，都要小心。這幾位都深諳人性，也知道並非所有人都會樂見你的成功。在跟任何人分享任何事之前，要深入考慮一下——誰會想要看你成功、誰會想要看你失敗。有些你以為是朋友的人可能不會給你最好的意見，特別是當他們在跟你競爭的時候。

即便有很多不確定性，還是要穩住

當你身邊的人都驚慌失措時，以下這 3 項戰術可以讓你保持冷靜、穩住自己。

1. 跟莫非定律做朋友。專業知識與實務經驗充足的創業家是非常尊重莫非定律的。在發布一項新產品、做一筆投資、啟動一宗併購案，或是做出任何類型的主要動作之前，都要問自己這個問題：「最糟糕的狀況下，這個行動可能會引發哪些事件？」接下來就要採取一些行動，減輕這些後果發生後可能帶來的衝擊。

你的思考可以很正面，這很好；但不要當個天真的人，不管事件或是決定多大或多小，都一樣適用。如果你即將要進行一場重要的簡報，先檢查一下投影機，而且要多檢查幾

次；或許以前投影機運作過 100 次都完美無瑕，但宇宙中就是會有一股力量，確保你要用投影片向投資人提案的時候，投影機就是不能用。一旦投影機不能用，你可能就要處理一些混亂的場面，也許不是那種會讓公司徹底完蛋的混亂，但這種混亂足以毀掉一場簡報以及你一整天的心情；這種混亂足以讓你疾言厲色地訓斥員工，然後他們就會跟你漸行漸遠；這種混亂足以讓你玩不下去、讓潛在投資者在心中對你產生質疑。

我總是會運用一種叫做「反莫非定律」的技巧：跟團隊中腦袋最好的人見一面（不超過 5 個人），並坐下來討論應該預期和預防哪些事情出錯。我得告訴你，有時候這種反莫非定律會議的成果，會是我們決定推遲原先計畫好的發表時間，因為我們發現還沒準備好要前進，或是因為某些重要的事情出錯的可能性太高了；也有些時候，我們甚至會直接拋棄一個點子，即便當初想出這個點子時，我們認為這絕對是個相當具爆炸性的想法。擁有一個腦力信託基金會（brain trust），會讓你擁有相當重要的制衡力量。

2. 認列小幅度的損失，並承認失敗。 當酷朋和生活社會 [17] 剛開始流行時，我看到一個機會，可以提供與之競爭的服務。我想像的是類似酷朋和評論網站 Yelp 這類型的東

---

17 譯注：Groupon 與 LivingSocial 皆為團購及購物分享的平台。

西，再加上遊戲化的元素，而我投了 100,000 美元來製作與測試初期的模型。有些投資人願意跟我一起走上這條路，但在扣下扳機之前，我決定向幾個我最信任的朋友發表這個想法，這些朋友從大型人壽保險公司的執行長，到美國最大型運輸公司之一的頭頭都有。

我向他們介紹了企劃和預測之後，他們指出我沒發現的漏洞。在回答完他們的問題之後，他們擔心這個案子會轉移大家的注意力、無法專注於我成功的核心事業，而我也接受了這個意見。這並不代表這個想法會失敗，但有很大的機會會帶來一些混亂的情況，可能會對我的公司造成傷害。我預期莫非定律為真，於是做了唯一合理的事情：放棄這個點子。

偉大的創業家會接受小規模的損失，而不是把錢丟進糟糕的投資項目裡；他們會承認失敗，然後把現金留起來做下一次的投資。如果你跟我說，有一個賭徒在賭場裡誓言要撈回本，那我就會讓你看到他離輸到脫褲子只有幾步之遙。

3. 找出接下來的三步（或是更多）要怎麼走。一旦進入混亂的狀況之中，你很可能會陷入麻痺的狀態，無法做出決策。當一切開始變得瘋狂，你可能會想要準備長期抗戰、打安全牌。但創業家負擔不起「什麼都不做」的奢侈，當混亂突然降臨，你很可能會忘記這個事實。為避免這個問題，要盡快專注在這個狀況上，並決定你接下來的三步怎麼走。我知道我們一直都在說要事先設想接下來的五步，然而，當你必須快速行動時，就得針對當下所面對的問題，集中在可以

用來應對這個問題的三個行動上。這些行動也許是可以解決問題的方案，或是為了止血的暫時性措施。舉例來說，一個大客戶跟你說她要結束你們之間的合作關係，那麼你可以：

- 打電話給當初帶來這位客戶的業務人員，聽聽完整的故事。
- 親自致電給客戶，讓她發洩她的委屈和不滿。
- 再送一批免費的商品給客戶。

如你所見，這些行動不必是什麼重大的突破或是複雜的計畫，但是卻會讓你免於因為一直在尋找（可能根本不存在的）完美解答而什麼也沒做。不要掉進這個陷阱裡。針對問題，制定出一個計畫，然後以此為根據去行動。當你重新開始動作的時候，事情就會自動開始運轉起來，問題也就迎刃而解了。

管理自尊，建立同盟

大型公司執行長的自尊心都很高，沒有例外。自尊心很高，這沒有任何問題——只要你有建立一套支援系統，讓自尊時時都在控制之中，就沒問題。如果你無法控制自己的自尊，就會自取滅亡。當你很成功、開始賺到很多錢、擁有名氣也獲得賞識，其他人就會試圖把手伸進你的錢包，並打進

你的小團體裡，結果就是你會聽到稱讚如潮水一般湧來。你會對這些潮水般洶湧的讚賞應接不暇，因為你會被一群害怕你所做的決定的人給包圍。舉例來說，團隊成員會怕你解僱他們，所以他們會跟你說你是一個多棒的人，其中有 90%都是謊話，大部分的人都不會跟你說你需要聽到的話。

　　你需要一小群會跟你說實話的人，這是唯一一個你可以約束自身自尊的方法（如果你有 3 個小孩的話，也會有幫助啦）。如果你沒有一小群像是董事會或是導師之類、不怕責備你的人，那你的麻煩就大了。在業務部門裡，我看過這種事情太多次了。大家開始賺到錢後，每個人都跟他們說他們有多棒。他們再也無法接受指導，也不再願意學習了。他們聽不進去別人的建議，這就是一個徵兆，顯示他們已經忘了怎麼管理自己的自尊。

　　保持疑心同時也意謂保持謙虛，如果你缺乏謙遜的態度，是無法把人聚在一起的；沒有謙虛態度，跟你意見分歧的人不會想跟你做生意。當你身邊缺乏多樣性或是異議聲音時，怎麼可能產生出新想法或是引進新觀點？當你身邊只有頻頻點頭稱是的人時，自然而然就會變得高傲自大，而這跟保持疑心完全是背道而馳的。

■　　■　　■　　■　　■

　　控制好自身自尊的意思是，明白你不可能一個人完成所

有事情。如果你懷疑過了頭，那就沒辦法信任其他人；如果你疑心的程度剛剛好，那就會建立起很強大的盟友。讓你身邊的夥伴也去留意競爭對手，這很重要，要將之視爲一種增加情報的方法。

在《權力世界的叢林法則 I》（*The 48 Laws of Power*）一書第 18 條法則中，羅伯‧葛林表示：「世界是個很危險的地方、四面楚歌——每個人都必須明哲保身，一座碉堡看起來可能是最安全的地方，但是，碉堡造成的孤立狀態會讓你暴露在更多危險之中，並且大於其所能防禦的危險——這種狀態會讓你無法取得重要資訊，讓你變成很顯眼的目標、很容易瞄準。」葛林提到一個重點，就是信任別人很難，但是不信任別人的話，另一種做法就是獨立作業，這又更糟。

你可能會對於能在哪裡找到同盟而感到驚訝。當蘋果公司在 1997 年 8 月陷入困難的時候，幾乎沒什麼人想對賈伯斯施以援手，而當他願意放下自尊時，曾經似乎意想不到的選項——向敵人求救，就變得有可能了。他牙一咬便去接近他的頭號敵人比爾‧蓋茲。賈伯斯什麼也沒做，只是請蓋茲幫個小忙：請微軟投資 1.5 億美元。

誠如史蒂芬‧席沃（Stephen Silver）在《蘋果內部人士》（AppleInsider）的報導，根據賈伯斯的說法：「蘋果公司的人太多了。在蘋果的生態系裡正在進行一場遊戲，蘋果要贏的話，微軟就得輸。但很顯然，你不必玩這場遊戲，因爲蘋果不會打敗微軟、也不必打敗微軟，蘋果需要記得蘋果是誰

——因為他們已經忘記這一點了。」

說實話，那其實不是「幫個小忙」，微軟在蘋果的股票上投資了 1.5 億美元，然後兩家公司決定讓現有的法律紛爭都告一段落，替雙方都節省時間和金錢。另外，蘋果同意讓微軟的 Office 軟體跟 Mac 電腦相容，簡而言之，就是對手變成了盟友。

想像一下，如果賈伯斯沒有與這個同盟建立起關係，會發生什麼事。我們現在在談的可不是一個低自尊的傢伙！然而，當遇到真正重要的事情時，他不會固執地堅持一切都可以自己來。現在，我們可以使用 iPhone 和其他蘋果的裝置，正是因為一個疑神疑鬼且自尊心很高的傢伙，表現得夠有男子氣概、也夠聰明，因而與正確的同盟建立起關係。

下一個例子則是同時強調了同盟和疑心病的必要性。2000 年 8 月，亞馬遜和玩具反斗城達成一項協議，《華爾街日報》稱其為「開創性的協議：未來 10 年，亞馬遜會提供網站的一部分空間給玩具反斗城，用來販售玩具與嬰幼兒用品，而這家玩具零售商則同意在網站上販售最熱門的產品，並且供貨給數位貨架」。請記住，網際網路泡沫化是發生在 2000 年 3 月 11 日，當時亞馬遜正處於存亡之際，在我看來，要不是這次的聯盟，現在就沒有亞馬遜了。除了這個同盟所帶來的營收之外，跟玩具反斗城聯手，有助於把流量導到亞馬遜網站，於是也有助於網站上其他產品的銷售，亞馬遜因此能建立更多的合夥關係。

5 年後，兩家公司在紐澤西高等法院對決，曾經的同盟反目成仇並開戰，而傷亡最慘重的是玩具反斗城，後來在 2018 年關門大吉。這個故事帶給我們什麼教訓？**即便在你建立起同盟之後，也還是要保持疑心！**

尋找明智的顧問

當對手出擊的時候，你會需要幫手。假如你建立了一個有智慧的團隊——人才選得好，而你也用正確的方式對待他們，那麼當事情變得嚴峻棘手時，他們或許有能力救你一命。你需要盟友，特別是當公司開始動搖的時候，他們會給你力量，讓你可以克服困難，從谷底爬上來，有所成長。

我遇過很多十分聰明、事業卻失敗的企業家，但我沒遇過哪個有智慧的創業家是沒辦法從谷底回彈的。聰明跟智慧之間的差異在於，聰明的人認為自己知道全部答案，有智慧的人則很清楚自己並不知道所有答案，同時依然感到怡然自適。在混亂之中，智慧尤其重要。

我是這樣學到教訓的。我 22 歲時，卡債累積到 49,000 美元，信用評等連 500 分 [18] 都沒有，我跟當時女朋友的關

---

18 譯注：美國信用評等分數一般介於 300 ～ 850 分之間，若分數落在 750 ～ 850 分之間為信用極好；700 ～ 750 分之間為信用良好；650 ～ 700 分之間為普通；560 ～ 650 分之間為差；300 ～ 550 分之間為極差。

係岌岌可危，主要原因是我的財務狀況。於是我有了一個頓悟：如果我把自己限制在我已經知道的東西裡，我的人生會一直往同樣的方向走。

我決定去尋找智慧。從前，我嘲笑學校裡的書呆子；現在，我自己就是最大的書呆子，我只想做一件事情，就是學習。我大量啃書，我在我的導師身邊變成一塊海綿，最重要的一點是，我讓自己被眼前可得、最有智慧的人環繞著，請他們在人生和事業上指導我。這些導師中有一位問了我一些問題，後來變成那份自我認同稽核表（第 2 章討論過這個主題，你可以在本書附錄 B 找到這張表）。

要怎麼找到有智慧的導師呢？讓我跟你分享一些得來不易的教訓。我跟很多教練與顧問都合作過，我發現有很多人都是根據他們讀過的資料來給建議的，而不是根據他們的經驗。我意識到一件事，在選擇導師或是顧問時，你可以用三個專業等級來挑選，分別是：理論（Theory）、見證（Witness）以及應用（Application），合起來就是 TWA。

- **理論**。這些人閱讀量很大，畢業於頗負盛譽的大學，大部分的顧問和教授都屬於這個類別。他們很聰明，但不一定是有智慧的；智慧來自實務經驗，而這些人提供的建議是以理論為基礎的。他們可以教你怎麼經營一家公司，但如果你問他們有沒有經營過公司，他們很可能會回答：「我沒有經營過公司，但我當過很多公司的顧

問，而且我讀了很多書。」這就是理論層級的導師，他們沒錯，而且還是可以給你一些好建議，但他們是層級最低的導師。

- **見證**。這類型的顧問曾經直接跟成功的創業家一起工作過，多虧了這個制高點，他們可以告訴你，成功的領袖究竟是如何建立起自己的公司，例如，蓋伊·川崎（Guy Kawasaki）常常會分享他在麥金塔的創始團隊裡，跟賈伯斯共事時學到的東西。見證者並未親自經營公司，但他們跟其他經營公司的人密切合作。假設你想要找個人提供房地產相關指導，那你可以問：「你賣過房子嗎？」如果他回答：「我自己沒有，但是我曾經當過比佛利山莊最厲害的房地產經紀人的助理，我做了 10 年，從她身上學到很多東西。」這就很有價值了，他可以跟你說那位經紀人是如何工作、如何對待客戶，或者在幾乎快要做不下去時，她做了什麼等等的資訊。

- **應用**。應用的意思是，你是從這些資訊的源頭直接取得這些資料。這些人可以告訴你，他們自己用過哪些有用的做法。最有價值的導師是說得到也做得到的人。這類創業家可以跟你分享他們在自己的公司裡做過哪些並未成功的事情，這種方式是那些從理論或觀察出發的人無法做到的。

具備以上這三種特色的人（也就是兼具理論、見證和應

用），我稱之爲「三連勝」，喔對了，這種人很難找。很多在做 YouTube 影片的人，都是位於理論和見證等級的人，只有極少人是應用等級的，所以再說一次，要做好實地查核，以了解一位導師在 TWA 階梯上處於哪個位置。這三個等級的導師都可以很有幫助，不過，若你正試著在困難的時期找到出路，那應用等級的導師會是最好的，並且遠遠超過另外兩個等級。這就是爲什麼像馬格努斯‧卡爾森這樣的西洋棋大師會聘用他過去的對手，也就是世界冠軍加里‧卡斯帕洛夫（Garry Kasparov）來當自己的教練。

■　■　■　■　■

商業上的遊戲，有時候可能會出現一些很難看的局面，如果你有戰爭的心態和思維，就不會往心裡去。你的競爭對手可能會讓你很挫折、很生氣、很困惑，你幾乎可以保證他們會耍一些卑劣的小手段。同樣的，某個最厲害的團隊成員也可能會突然離職——某個你培養出來的員工，你幫助他成長、當他在掙扎的時候支持他，你覺得他很不知感恩，這讓你隱隱作痛。或者，你可能會被消費者保護團體或是政府機構針對，你認爲他們之所以把你挑出來、不明所以地要你去做一堆麻煩事，就只是因爲看你不爽。

請認清，耿耿於懷是很沒生產力的一種做法，你的自尊就是你的敵人。要建立起一家企業，不只很醜陋，也很骯

髒；不只要花腦力，也需要情緒上的勞動。當你讓事情往心裡去，就會被拉進一團混亂之中而無法清楚思考，你會變得憤恨不平，老是想尋仇。

雖然這會很困難，但是你要退一步，用分析的眼光來審視情況，不要讓憤怒或羞愧感控制了你的決定。我的意思不是要求你不能有任何情緒，你有權利擁有任何感受，但不要讓這些感受遮蔽了你的判斷能力。那些最厲害的創業家有能力把自己的情緒先放到一邊，在混亂之中做出理智的決定。

如果有一位執行長連續數十年都很成功，那他一直以來一定都是疑神疑鬼的。成為一位執行長，意謂要把所有的資訊和線索都拼起來，並且用過去從沒用過的方法來做事。保持警覺、要活下去。

擴張的目標是指數型成長

你要決定如何替公司增資，並執行可以帶來指數型成長和線性成長的策略。要求大家一定要做到最好，並且向他們問責，用這個方法來帶領大家。

跟衝勁交朋友，面對混亂狀態要有所準備

制定策略，讓公司既可以加速成長又不至於垮掉。找方法壓縮時間框架，控制好你的自尊，要避免誘惑，也要避免你成為自己最大的敵人。

魔球：設計一套系統來追蹤你的公司

釐清對你來說最重要的公式有哪些，要忠實不懈地追蹤並信仰這些數據。有系統地編纂你腦袋裡的東西，製成說明書，藉此來傳遞知識，也要判斷在執行知識移轉的過程中，需不需要僱用新員工來幫忙。

疑神疑鬼，行家從來不會放鬆自己的戒備

當公司日漸壯大的同時，也會變得越來越脆弱。你要找出其他人可能會攻擊哪個部分，然後保持戒備，時時站在敵人的立場來思考，並問問自己，如果你是那些敵人的話，有什麼東西可能會讓公司關門大吉；而當他們真的試圖這麼做時，也不要耿耿於懷。

徹底學會
使用力量

第 13 章

如何擊敗巨人並掌控故事的走向

> 我不是個生意人，我自己就是一門賺錢的生意啊，老兄。
>
> —— Jay-Z

∎

在商場上，人人都有自己的巨人要面對，而這個巨人不一定是業界最大的公司，可能是在某個特定地區市占率很高的公司，也可能在內部，例如同一部門的另一位業務員，他比你更有經驗、客戶更多，所以帶來的收益也更高。

在你決定起身對抗巨人之前，你需要知道巨人比你更大，而資本、經驗、資源也都更雄厚（尤其是他們的律師團更是如此）。巨人同時還擁有廣爲人知的名聲和品牌，因此巨人的日子比你好過多了。如果在知道這一切之後，你還是決定投入去打敗巨人，那你最好知道自己面前有哪些障礙，但願你也看到了機會。如果巨人的日子過得很舒服的話，可能會不那麼疑神疑鬼，那你就有個破口，可以採取一些行動。

我想要把一件事情說得非常清楚：並不是每個人都適合

參加這場戰鬥。你能夠擊敗一個真正巨人的機率非常小。誰能想到小小的沃爾瑪真的會讓 Kmart 關門？每出現一個亞馬遜、微軟和 Google 的故事，就會出現 10,000 個企業以及個人把一切都輸光的故事。打敗巨人不是做不到，但需要一個可以忍受痛苦的人，如果你還在思考要不要試著做做看，繼續讀下去吧。

在商場上跟巨人對抗會帶來的影響

1. 你會害怕。虧錢的念頭固然很可怕，但是對你的自尊來說，把自己推到戰場上，最後以失敗作收，會更加痛苦。

2. 你的恐慌症會發作，還會感到焦慮。如果你沒有上述狀況的話，那就代表你還沒把自己推到戰場上，這個意思是要把自己所有的一切都投入進去，以便實現這件事情，而這會造成極大的壓力。

3. 你會被霸凌、被嘲笑。試圖要打敗巨人會導致你被霸凌、被嘲笑，僅僅認為可以成功打敗巨人的想法，也有可能會招致這種對待。會有很多人拿放大鏡檢視你，所以最好要有面對他人負面眼光的心理準備。

4. 你必須陷入妄想狀態。在這個情況下，瘋狂一點真的會對你有好處，如果你想要推翻巨人的話，那你最好是有點「壞掉」的狀態。

5. 你必須比想像中還要 10 倍認真地工作。當你認為自己已經到了極限，那你還需要 10 倍的努力，才能打敗巨人。當

然，跟家人相處的時間會減少，你幾乎也可以把自己的嗜好拋諸腦後了，而這也是為什麼打敗巨人並不是人人都做得來的。

6. 你會需要保持健康，才有精力去競爭。我曾經工作到精疲力盡，還住了好幾次院。這讓我對於高強度的工作建立起很高的忍耐力，而且每一次回到崗位後，我都更努力反擊。之所以說出這件事，並不是希望你害怕自己會被燃燒殆盡，而是如此一來，當你處於對抗巨人的困境之中，就會預期到需要做出這樣的行動，因此你就會是有所準備的。

在第二步的行動中，我們一步步拆解了解出 X 的方法是什麼，我也說過當我成立公司時，全球保險集團就對我提出告訴，以及他們是怎麼讓我差點關門大吉的故事。當時巨人幾乎已經把我的脖子壓在地上，準備要倒數秒數了。然而，一旦我逃出來，就有信心可以打敗巨人，更重要的是，我理解到為什麼巨人是有可能被打敗的。

為什麼巨人可能被打敗

你還不怕嗎？很好，因為我接下來馬上要說一個好消息：如果你已經做好戰鬥準備，那麼你是有機會贏的。因為當巨人贏過越多次，就會變得越軟弱，到了最後，就不再像曾經那樣、那麼努力工作了。一般來說，巨人無法接觸到時下最新的行銷方式，因為他們幾乎不會直接跟顧客對話。巨

人沒有你的靈活性，而且可以失去的東西太多了，導致他們無法承擔風險。

巨人招募不到瘋狂且飢渴的人，因為瘋狂的人會被那些不被看好、但是有志要打敗巨人的公司吸引，並且會被激發熱情；比起加入巨人那一邊，他們可能會更願意去打倒巨人。這也解釋了為什麼金州勇士隊在用單一賽季 73 場勝利打破 NBA 的紀錄後，凱文・杜蘭特（Kevin Durant）加入該隊時，有這麼多人在批評他。這或許也可以解釋，為什麼杜蘭特在 3 個賽季中贏得 2 次冠軍後就離開了「巨人」。即便你對於挑戰躍躍欲試，還是要對巨人保持尊敬。只要一小滴的自滿，就足以置你於死地。巨人之所以得以立足，不只是靠運氣而已，他如此令人生畏是有原因的，而這也讓你在擊倒他時，一切的努力變得更加值得。你可以用下列這些方法：

打敗巨人的 12 個方法

1. 知道自己的弱點是什麼。你很容易知道自己的強項是什麼，但如果你知道自己的弱點在哪，就會讓你變得更靈活，可以在試圖打敗你心目中的巨人時，快速改變方向。

2. 知道巨人的弱點是什麼。如果是巨人的強項，你是沒辦法跟他硬碰硬的，一定要找到他的阿基里斯腱，然後好好利用這個弱點。

3. 精通三項你做得比他好的事情。你要設定好市場上的戰鬥條件，善用你的強項，找出三件巨人做不到的事情，精

通這三件事，而且要做得好到不能再好。

4. 不要試著成為巨人。你可以從巨人身上學習他的行動並取得資訊，但如果你以他為模範、試圖效法他的話，要怎麼打敗他？你需要好好利用自己的強項，而不是別人的強項。

5. 專注在專業化。巨人通常會概括化，以散播其影響與力量，而你必須用專業化的方法，好從他手上搶下市占率。

6. 當你很小的時候，要讓自己看起來比實際上更大。你要昂首闊步向前走，不要被巨人的規模和力量給嚇到了。你要體現你的未來現實，競爭時要表現得彷彿自己才是有利的那一方。

7. 一開始要低調。你會需要很多幫手，也需要時間精進，不要在剛開始幾年跟別人產生不對的摩擦，然後吵得鬧哄哄的。在去找巨人戰鬥之前，先著手改善自己的公司。

8. 行動要快。用你原本的強項、優勢和速度來對抗巨人，他的動作沒辦法跟你一樣快。

9. 與有共同敵人的競爭對手結為夥伴。巨人會製造出很多敵人，去找找看你跟那些敵人之間的協作力量，並建立策略同盟。

10. 讀歷史。歷史可以給你一些背景資訊，讓你在面對巨人的戰鬥之中，得知一些從未想過的策略。知識就在那裡等你去收割，而且只會幫你、不會害你。

11. 讓競爭對手把巨人消耗到精疲力盡，巨人必定要抵擋很多競爭者，而你沒必要一直都待在第一線。退到後方，把

聚光燈讓給別人，如此一來，你就可以更集中運用資源，讓你在面對巨人時掌握優勢。

12. 不要全面揭露你的策略。對行家來說，這一點就不必多加說明了。

掌握故事的走向

由於接下來大家的目光都會放在你身上，因此是時候想想，你要向世界播送什麼內容、該怎麼播送。如果你不去談你所相信的信念、你的觀點、你是誰，那世界就會決定你是什麼樣的人。是否要控制故事的走向，或是談談你現在在做些什麼，這取決於你，但如果你不去做的話，其他人就會幫你做。

社群媒體有很大的力量，可以讓整個世界變得平等。我剛創立保險公司時，巨人傾盡所有資源來霸凌我，我的競爭對手把我說得非常難聽，到處散播一些輕易就能毀掉我的名聲的惡劣謠言；就是那個時候，我才完整理解到，社群媒體如果運用得好，我是有辦法控制故事走向的。

霸凌有很多種，多年來也一直在演變，當你的公司很小的時候，大家會詆毀你的人格、散播謠言，我發現反擊的方法就是要控制住故事的走向。當大家聽到關於我不好的事情時，他們會上 Google 去確認他們的懷疑是不是真的，而他們會找到什麼呢？他們會發現，之前聽說那個像怪物一樣恐

怖的傢伙，跟他們在網路上看到的截然不同。我有辦法掌握故事的走向，所以很多聽過我負面八卦的人，最後都變成我的夥伴。

想想看這跟沒有網路的世界有多不一樣。賈伯斯還得要打電話到《花花公子》雜誌，請他們寫一篇關於自己的故事，才能向這個世界提出自己的說法。從賈伯斯接受訪談，到大家真正看見這些內容之間，至少要花上 2 個月的時間；現在，從你在線上寫東西，到大家看見這些內容的時間，僅僅只需要 2 毫秒而已。

巨人可以砸重金做公關，而你可以用 iPhone 做個影片，並獲得更多瀏覽量，也造成更大的影響力！

■　■　■　■　■

當你在撰寫貼文時，必須分享你真正的自己。我們已經被洗腦了，以為專業的表現就是要盡善盡美，問題是，大家不會跟完美無瑕的機器人產生連結，但是他們會跟完整的你有所連結。展現出你的錯誤、表現出脆弱的一面。如果你只談論自己在哪些地方做得很好，就會讓人覺得提不起勁，世界上不可能有人完全不犯錯就成為頂尖人才，當你分享出你不順的那些時刻，大家便能夠認同你。

如果你向他們提出挑戰，請他們質疑你的觀點，大家也會對你產生認同。請他們分享自己的觀點，向他們請教某些

問題，問問他們有哪些具體的建議方案，這麼做，一來你會學到一些東西，二來還會增加觀眾或是讀者的參與度。

跟受眾產生連結的另一個關鍵，在於從頭到尾保持連貫性。觀眾必須知道他們什麼時候會看到你的新消息和內容，而且是基於規律的時程。有 2 位暢銷書作者在這方面有不同的方法。追蹤賽斯·高汀的人，預期的是每天在部落格上看到一些小而美的內容，而另一方面丹尼爾·品克（Daniel Pink）則是每 2 週推出他新的一集「Pinkcast」，兩者策略的關鍵都在於受眾有所期待，而這個期待也獲得滿足。

跟連貫性高度相關的還有一點，就是要有節操。特別是追蹤人數越來越多的時候，就會有人提案，請你幫其他人宣傳。**不要為了錢而濫用自己的品牌**。如果要接受贊助，你跟那個品牌就必須站在同一陣線上。要是你堅守著自己想要傳遞的訊息而不出賣自己，那追蹤者就會相當欣賞你。你會需要延遲享樂，並拒絕那些可以讓你快速賺到一大筆錢的方法，如此一來才能放長線釣大魚，並守住節操。

自我推銷時，要很厚臉皮

推銷自己的第一條規則就是要很厚臉皮，大家對這一點有所遲疑，是因為大家都害怕受到指責。有遠見的人就不會卡在這個地方。你在推銷自己的時候，不能害怕別人的批評，因為你就是希望大家注意到你。Nike 創辦人菲爾·奈特

（Phil Knight）臉皮很厚；達拉斯牛仔隊總經理傑里‧瓊斯（Jerry Jones）臉皮很厚；巨石強森（Dwayne "The Rock" Johnson）臉皮很厚；凱文‧哈特臉皮也很厚。你覺得凱文‧哈特是因為生性膽小害羞，才在 Instagram 上擁有 1.1 億的追蹤者嗎？如果你臉皮不夠厚，沒人會知道你是誰。

會讓我們裹足不前、無法厚著臉皮的原因是害怕丟臉，但丟臉又怎樣？你知道有誰是從來沒丟過臉的嗎？就是那些沒沒無聞的人——那些躲在大型集團、安全的工作崗位上的人。我說的「厚臉皮」，指的並不是自吹自擂。我的意思是，你需要盡可能地宣傳（在你的故事和品牌範圍內），要確保自己能夠吸睛，自我推銷是一門藝術。

你可能對於誇大其詞的做法感到不舒適，但你可以用更細膩精緻的方式去做，在你的故事裡放入這種訊息。假設你進到一家律師事務所辦公室，牆上掛了滿滿的牌匾，那你就可以說：「這些牌匾很厲害。我知道要獲得賞識、被認證是頂尖律師，需要極大量的努力，這點讓我很尊敬，因為我在我們公司拿到最佳業務人員那塊牌匾時，我記得自己是付出多少努力才拿到的，但很扯的是大家常常看不到背後那些努力和付出，所以我要替你的付出和努力鼓掌。」

自我推銷的另一種方式就是進行預測。根據直覺和研究做出一些預測，這為什麼重要？因為如果這些預測當中有一些真的成真了，你的可信度就會增加，這也會讓你看起來像一名智者。

有些人可能會說：「這個建議眞蠢啊，派崔克，你是認眞叫我把自己推上火線嗎？如果我預測錯了，很丟臉怎麼辦？」那你可以想想看，不這麼做的話會有什麼結果：你絕對不會出錯，然後也沒有人知道你是誰。

　　終極格鬥冠軍賽的前冠軍康納・麥奎格（Conor McGregor）曾說：「在做預測的時候，我是很自負的。我在準備時信心滿滿；但是在面對勝負的時候，我總是會保持謙卑。」他厚臉皮地將自己推到檯面上，不管輸或贏，麥奎格都會用大膽的預測來控制故事的走向。

　　偉大的房地產開發商也會做預測，偉大的股票經紀人也會，他們會讓自己上新聞。你以爲吉姆・克瑞莫（Jim Cramer）是因爲膽小怕事、從來都不冒險，才能上電視的嗎？他的節目並不叫做《靦腆賺錢》（*Shy Money*），而是叫做《瘋狂賺錢》（*Mad Money*）。他讓大家開始談論他，有些人說他很白癡，有些人則是非常相信他的建議。我從沒見過吉姆・克瑞莫，但我敢打賭他走去銀行的路上，一定是滿臉笑容的。不要害怕在所屬產業的範疇內進行預測，而是要思考怎麼表達。既是投資顧問也是名人的彼得・希夫（Peter Schiff）有幾篇文章的標題是這樣的：

〈彼得・希夫：負利率很蠢〉
〈彼得・希夫：只有買金買銀的人才會是贏家〉

〈彼得・希夫：不管聯準會接下來要做什麼，都會讓人不爽到極點〉

希夫好幾十年來都是同一個調調，有時候他是對的，有時候不是，但他一直都會上新聞。他會推銷自己，會做出大膽的預測，所以他變成黃金投資的同義詞。當有財金相關的電視節目在找黃金投資專家時，希夫就會接到電話。我發現我已經丟了很多例子給你，作為總結，社群媒體最重要的核心信條是：

- 要有個性。
- 要大膽。
- 要很自以為是（如果這是你的本性）。
- 要引人入勝、讓人想要跟你互動。
- 當你說對的時候要大書特書。
- 當你說錯的時候，開開自己的玩笑。
- 當你說錯的時候，接受損失。

你必須常常推銷自己。如果不想故意提一些名字來抬高身價的話，還可以運用另一項技巧：引用一些書名。假設你正在開會，要回應一則評論，你可以說：「我讀到一本書是這樣那樣，在這本書裡有提到這個，我覺得我們公司現在在發生的就是這個情形，我推薦你們去看那本書。」如果會議

裡有另一個很有野心的人，他就會把書名寫下來。如果你在一場商業的對話中推薦了兩三本書，那麼在對方的心中，你就是個讀很多書、會自主學習的人，至於你有沒有大學學歷就不重要了。

自我推銷還有一種方法，就是在你的領域或專業裡，對某些主題持有強烈的意見，像是可以說你不同意市場的走向，或是談談這個產業正在犯的錯誤。你可以在這幾個好地方做這件事：你的部落格、影像部落格或是 Podcast，當你關注的主題出現時，就可以說：「我最近寫了一篇部落格文章談這件事，製造出很多爭議，因為我認為是這樣那樣。我會把文章寄給你，你可以看看。」

我寫過一篇文章，敘述為什麼自有宅並不算是美國夢。這篇文章在網路上完全炸了開來，福斯新聞聯絡了我，CNN 也聯絡了我，《丹佛郵報》（*Denver Post*）對這篇文章做了專題報導；他們都報導了這位不相信自有宅的創業家。僅僅因為我寫了一篇文章，說我認為美國夢真正的重點並不在於自有宅，而是在於創業家精神，就製造出這麼多爭議。所以，分享你的想法和意見，接著再去推銷你自己寫的那些文章。

對於你所談論的內容，在某種程度上，你需要確信那是對的。大家可以分辨出你是否真的相信你所談的內容。相信我，要知道一個人對於自己在談論的東西有沒有把握，真的沒那麼難。光是那種有把握的感覺，本身就是自我推銷的一種方法。但也不要做得太過火，更不能捏造事實，你要有意見，也

要有證據支持那個意見，然後再胸有成竹地陳述那個意見。

我要給你一個挑戰：去推銷自己吧！先把對於批評的恐懼放在一邊，把自己推出去、讓大家看到你；大膽地說些什麼或是做些什麼，讓大家知道你是誰、你支持什麼。

讓你的品牌和你最主要的願景保持一致

我剛開始在 YouTube 上創造內容的時候，將頻道取名為派崔克・貝大衛，並將這些影片取名為「跟派崔克聊兩分鐘」，然而，當我更深入思考我對這個頻道內容的願景時，我發現頻道的重點是教育，我希望能夠提供價值與娛樂，並且可以讓世界各地的創業者有所啟發。

我創造這些內容，有一個無私的理由是希望能有所回饋。當初我從業務員轉型成創業家、再變成執行長的過程中，曾經希望自己能夠擁有的一切，我都想要提供給大家。我列出一些問題，是我在職涯各個階段感到無力迷惘時會有的問題，然後我開始回答這些問題。我同時也很積極地想要讓這些內容變得有趣，有太多人在學校的日子都過得很辛苦，因為當時的教學方法實在無聊到不行，我想要製作出一些大家會想看的內容，然後他們就可以從中學習，與此同時感受到娛樂。

創作這些內容，我還有兩個自私的理由，其一是為了我的孩子和（未來的）孫子可以看到我對人生的想法。我已經

開始想像他們某一天狂看我的影片，或許是當他們覺得我可能對他們有所不滿的時候，回過頭卻發現爸爸很愛他們。

那第二個理由呢？你猜得沒錯，就是爲了控制故事的走向。回到我創造「價值娛樂」商業面的理由，我發現，爲了讓品牌擴張，我需要把焦點從我身上移開、重新放回願景上。我想你大概很快就發現問題點了——每週影片的標題「跟派崔克聊兩分鐘」，這個重點完全是我啊，跟願景一點關係也沒有。

你已經聽過我充滿熱忱地談論，如何使用西洋棋大師的方式來思考。要啟動一個帶有遠大願景的新點子，就該用行家的心態和思維去策劃接下來的 15 步棋。你已經想到其中的幾步棋了嗎？你有辦法換位思考，站在我當時的立場去擬定策略嗎？你有辦法想出如何從一個掙扎著創作影片的個體企業家，變成頂尖的教育家嗎？我在猜你甚至可能會想到一些我當時漏掉的東西，而且在你看到我列出的清單之後，可能會在我的策略裡找到漏洞，太好了，請你務必這麼做！是時候該看看我是怎麼執行計畫，並且將那一系列影片經營到今天這個地步。

用 15 步行動，將每週影片變成一個專注在創業家精神的頻道

1. 花一些時間獨處，釐清願景。
2. 向創意團隊諮詢，替頻道腦力激盪出一個新名字。

3. 購買並閱讀市面上所有行銷和媒體相關的書。

4. 釐清我們不想成為什麼樣的人，要跟自己想要成為什麼樣的人一樣清楚明瞭。

5. 把頻道的重點放在我們的任務上，而不是我的人格特質上。

6. 重新製作出可以體現頂尖教育家形象的圖標、名稱以及網站。

7. 參加社群媒體產業的會議，學習不同的策略。

8. 開始學媒體語言，了解要追蹤哪些東西。

9. 聘用人手以協助我們弱勢的地方，在接下來的 90 天內，聘請一位搜尋引擎最佳化（SEO）的專家。

10. 漸漸增加內容張貼的頻率。

11. 在接下來的 30 天內，聘請一位全職編輯。

12. 規劃 Instagram、推特、臉書和 YouTube 的策略。也要做好準備，如果新的社群媒體超越了這四大媒體的話，要能快速行動。

13. 讓我在市場上以專家的形象示人，以專家的身分寫文章，發表在許多不同的平台上。

14. 訂定出來賓的邀請標準，要邀請符合「價值娛樂」此一品牌的來賓。

15. 這一步先不說，但很快就會揭曉了。

這 15 步行動的結果如何呢？我們後來把頻道名稱改成

「價值娛樂」，而之前剩下的東西，就成為了歷史；今日，「價值娛樂」來自世界各地觀眾的累積觀看量，已經超過 10 億分鐘。有一點實在很迷人，就是每當我決定接觸一個新主題時，就會有新的觀眾和新的人脈出現，有助於讓頻道更加穩固，而且還會帶來一個副產品，就是替我的公司帶來生意。截至 2021 年 5 月為止，我們在 YouTube 上有 300 萬名訂閱者，而且在創業家精神這方面，我們是頂尖的頻道。

關掉雜音，去蕪存菁

　　2005 年國家科學基金會（National Science Foundation）發表了一篇文章，提到一般人每天會有 12,000 到 60,000 個思緒，而且其中有 80％ 是負面的，95％ 則是跟前一天的完全重疊。

　　把雜音關掉，這是一個非常強而有力的行動。等你開始控制自己故事的走向時，你也會需要減少花在注意其他人所產生的噪音的時間。你覺得偉大的思想家有在關注名人的八卦嗎？你認為他們對於新聞非常執著嗎？他們的確會在早上時快速掃過一遍新聞要點，因為他們需要知道最近發生了什麼事，但是他們不會把時間浪費在陰謀論或是釣魚性的標題上，這些內容會帶來太多噪音。

　　還有，關掉那些負面心態的朋友、思想格局很狹隘的人所產生的噪音；對於那些不支持你所做的事情的家人，也要

關掉他們所產生的噪音。如果你知道你只會聽到負面的內容，那在他們面前就完全不要提你在做什麼。關掉噪音，阻止任何會讓你分心的東西或負面情緒。要記得，會對你進行建設性批評的人，跟那種極度負面的人，兩者之間是截然不同的。

你也需要在生活中去蕪存菁，如果玩電動並不是你計畫用來賺錢的方式，那就刪掉這個活動。假如你有很多個男朋友或女朋友，或者是你一週會去夜店狂歡個 3 次，停止！不要再這樣做了！假設你一天會貼出 20 張自拍照，或是每隔 30 秒就要查看一下遊戲裡足球隊的比數，就快把這件事戒掉！如果你有一些不為人知的壞習慣或不良行為，那就要找到方法來控制這些事情。

任何會拖住你、讓你無法想得更大更遠的事情都必須停止。你非常清楚我說的是什麼，我不需要解釋，想想看。現在你正在想你需要戒除的事情，你現在想到哪件事了嗎？戒掉，**現在就戒**！就是這件事正在扯你後腿，而且這樣做並不值得，不會讓你獲得遠大的思想以及執行願景所能帶來的滿足與成就感。

舉個例子，我熱愛女人，我比較年輕、還單身的時候，如果你想要找個人一起去夜店玩，那找我就對了。我曾經在一個廣播脫口秀上接受訪問，當我正在談論計畫和目標時，其中一位主持人問我：「你人生中最大的改變是什麼？」我告訴他們：「我在 25 歲左右時做了一個決定，在我賺到人

生第一個 100 萬之前，絕對不做愛。」

「那你一定很快就賺到 100 萬了。」不幸的是，並沒有，我「齋戒」了 17 個月，這是很困難的一件事。但是，如此一來我等於同時完成了兩件事：第一，讓自己具備達成目標必需的紀律和動力；第二，強迫自己把時間花在重要的事情上。在訂定目標之前，我花很多時間在夜店，跟女人見面、追女人所需的精神力就更不在話下了。這些一點都不重要，只不過就是雜音而已，當我用會創造出營收的活動來取代雜音時，我的生產力立刻飛速上升。最後我遇到我太太，跟她定了下來。

如果你想要打敗巨人，那你並沒有犯錯的空間；如果你想要取得成功，而且是最高層次的成功，那你一點時間都不能浪費。浪費時間同時也會衝擊到經營社群媒體的策略。好險我在四處狂歡的時候，Instagram 還不存在，不然你就會在社群媒體上找到一些奇怪的照片，而且到處都是。

我的意思並不是要你照抄我的例子，我不是一個很典型的傢伙，對我來說有用的方法不一定也會對你有用。我認為，如果你清楚自己的弱點在哪裡（狂吃甜點、狂看電視、沉迷於體育賽事訊息），那你可以把焦點放在這些地方。有的人會花週日一整天的時間看足球，再花 3.5 個小時看《週一足球夜》（*Monday Night Football*），這樣總共就花了 13 個小時以上；所以，或許你不用戒掉你在玩的足球遊戲，或者是不再觀賞最愛球隊的比賽，但如果你把看比賽的時間限

制在一週一場比賽，每週就可以拿回 10 小時的時間。你可以想像每週多出一個完整的工作天，會產生什麼樣的效果嗎？

自律的形式有很多種，你可以限制自己上網的時間；你可以每天花 5 小時處理公司最重要的事情；你可以每天至少評估一次公司所面臨的威脅；嚴格且有紀律地執行這些行動是會有所回報的。**自律，會帶來持續性的卓越。**

未來現實 vs 正向肯定

你一天會有多達 60,000 個思緒，而且你腦中出現了什麼東西至關重要——非常重要！由於《祕密》(*The Secret*) 這本書和電影的成功，「正向肯定」的觀念風靡一時，大家開始相信文字有很大的力量，我們有辦法可以「用話語的方式，讓事情成真」。對我來說，「吸引力法則」是真的，但也是一個被誤解的觀念。這就是為什麼我希望你可以理解，活出你未來的現實與使用正向肯定之間的差異。

我不反對勵志名言或是正面訊息，只是我發現如果背後沒有感情和堅定的信念，那這些東西是沒用的；你必須找到正確的肯定訊息，再加上一個故事作為驗證，讓這個訊息對你來說變成真的。你想說的並不是「我很棒、我很強、我很豐足」，而是「我很強，因為我的家人需要我出面的時候，我有挺身而出處理狀況」。

試想一個導演想要引導一個演員，從他身上哄出一個情

緒，然後用在表演裡。為達成目的，他一定要用這個演員本身的情緒。把這一套用在你自己身上，你需要這樣做：

在心裡做一次盤點，並寫下這些東西

1. 你最痛苦的 5 個時刻。
2. 你最成功的 5 個時刻。
3. 讓你最痛苦的說法或敘述。
4. 你感覺自己無可匹敵的 5 個時刻。

使用肯定的詞語，並加入驗證的故事

1. 「我會成為一個偉大的領袖」或是「我一定會用最漂亮的姿態東山再起」。
2. 加上一個故事，利用你的痛苦或勝利，用「因為」這個詞來提供證據：「因為我撐過來了」、「因為我曾經歷過那種狀況」、「因為我已經克服過更困難的事情了」。

是什麼讓你有自信可以成為今日的自己

1. 命運：我相信我注定要做大事。
2. 信仰：我相信有種更高的力量會顧念著我。
3. 我釐清了自己想要的是什麼，我使出了願景這項魔法，我告訴這個世界我想要成為什麼樣的人，接著對的人就出現了。
4. 我相信我是世界上最幸運的人。

重點是，在當下這個瞬間，就要體現你的未來現實。你要想像你的未來現實、當你已經擁有自己想要的東西的那個時刻，而現在就只剩下一件事：讓自己變成有辦法讓這個想像成真、所需要成為的那種人。

1996 年的電影《求愛俗辣》（*Swingers*）中有一個很棒的例子，文斯・范恩（Vince Vaughn）飾演的角色，名叫特倫特，他在指導強・法夫洛（Jon Favreau）飾演的角色，名叫邁克，指導他要怎麼找到女人。邁克很害怕又很膽小，他要變成一個有自信的傢伙，可能還有好幾光年的距離吧；但是，他現在就想讓女人對自己刮目相看，而不是還得要經過好幾年的訓練。特倫特懂得這一點，於是他並沒有告訴邁克要「自詡為怎樣的人」，而是用情緒來敦促邁克去體現他的未來現實。就像一位在跟球員談話的教練，或是一個導演在跟演員講話那樣，他說：

兄弟，當你走上前去跟她說話的時候，我希望你不是那種會出現在保護級電影裡、所有觀眾都殷切希望他可以成功的傢伙；我希望你像是限制級電影裡的那種傢伙，懂嗎？那種你不是很確定你喜不喜歡的傢伙，甚至你不確定他是哪裡來的。可以嗎？你是壞人，你是一個壞男人。

這不是很複雜的心理學，這是很常見且好懂的招數，如果你不覺得自己值得，那其他人也不會這麼認為；如果你不

相信自己的產品（或是你自己），別人也不會相信。如果你看起來懶惰散漫，就會表現得像是個懶惰散漫的人，大家也會認為你是個懶惰散漫的人。就像在這部電影場景裡看到的那樣，我們通常都需要一個教練，敦促我們去體現自己的未來現實。

如果你要「把你的故事講到變成現實」，那最好要有對的故事和情緒來支撐。假如你想要向全世界宣傳，那最好用身體力行的方式來支持自己的說法，就是要這樣來控制自己人生的故事走向。

累進式成長：你做仰臥推舉，可以舉到幾公斤？

我希望你的腦子現在正因為興奮而轉得飛快，我希望你激動到緊緊地用腳踩住巨人的喉嚨，直到他連聲求饒為止。我希望你已經在社群媒體上做出大膽的預測，並且已經有所行動，要控制自己的故事了。我也理解這些看起來都很令人望而生畏，因此在這裡我們要先退一步，提醒自己這是要花時間的，如果感覺事情像是排山倒海一般難以承受，不如先把你的目標拆解成一個又一個小小的步驟。

我 14 歲時，身高超過 180 公分，體重卻只有 60 公斤出頭，我之前提過我們家付不起 YMCA 每個月 13.5 美元的會費，大概是因為我瘦得跟皮包骨似的，裡面有些人很同情我，會幫我開個後門讓我溜進去。那邊的人都叫我「索馬

利亞人」──這並不是個友善的說法，也不是個政治正確的說法，但是這個詞可以讓你知道，我當時看起來彷彿一陣強風吹來就會把我吹倒一樣。我對於自己瘦成那樣覺得非常尷尬，所以我會穿毛衣來掩飾自己纖弱的體格。

當時有個名叫佛雷的傢伙在 YMCA 健身，他對我很感興趣，當我們在舉重室裡的時候，他注意到我正盯著其他舉重的人，他們的肌肉很發達。佛雷看得出來，我眼前的景象讓我很氣餒：那些肌肉彷彿是屬於另外一個完全不同的物種似的。佛雷看到我在仰臥推舉時，舉個 18 公斤就很困難了。沒錯，光是空槓而已，我還是只能做一組。

「沒關係，」佛雷說道，他指向 1.1 公斤的槓片，「那些是你最好的朋友。」

「什麼意思？」

「意思就是更進一步，我希望你每週增加個 2 公斤左右（兩邊各加上一個 1.1 公斤的槓片），然後看看結果如何。」

「那樣很丟臉。」我說，我指的是只增加一點點重量這件事。

「你不用擔心這點，就這樣做，然後看看會發生什麼事。」

我心不甘情不願地聽從了佛雷的建議，慢慢地，我每週都可以舉得更重一點點。漸漸地，我的身形變得越來越壯，我用一種宗教式的忠誠，照著佛雷的建議，堅持做下去。18 週過後，就像佛雷當初預測的那樣，我已經可以舉起 60 幾公斤的重量了。過了幾年，我變得可以舉起 175 公斤左右的

重量，我的身形看起來就跟我當初羨慕的那些人一樣。

把這個 1.1 公斤的原則代換到你的公司和事業裡。不要再把自己拿去跟那些看起來遠在光年之外的人或公司做比較了，而是專注在可達成的規律進步上。如果你遵循這套生活的方法，我保證別人以及別人的公司就會變得脆弱，即便是巨人也會變得懶惰。巨人之所以會被打敗，是因為他們在某個時間點就會安於現狀，沉浸在過譽的榮譽裡。還記得我們之前談到 1955 年《財富》500 強公司時是怎麼說的嗎？2019 年時，有多少公司還在這個排名裡？

若是你致力於累進式的成長，就會讓你進步得比任何人都多、變得比任何人都強。他們可能比你還巨大，但最終他們都會慢下來，開始慶祝自己的勝利，與此同時，那些默默讓自己和自己的公司更加精進的人就會突然現身，嚇這些巨人一跳。你對於打敗先前最好的自己所持續付出的努力，是目前為止最簡單也最有效的公式，最後，你會發現自己站在所屬產業的頂端。

■　■　■　■　■

到了這個時候，我知道你是應付得來的，我們檢視了需要什麼來打敗巨人，以及什麼東西會讓巨人變得脆弱不堪；我們也談到你可以採取哪些具體的行動，以打敗產業中的巨人。

你需要放下被批評的恐懼，並且理解自我推銷的重要性。因為你明白社群媒體有很大的力量，可以讓世界走向均值化，所以，你也已經在通往製作出最符合你技能的策略的路上了，如此一來，你就會控制住故事的走向。

　　如果你想要成就大事，那你是沒有犯錯空間的，你不能允許負面的想法、負面的人或是負面的活動來讓你分心。是時候誠實面對是什麼事情在拖你後腿，並將其從你的生活中排除。

第 14 章

研究黑幫：如何銷售、談判、產生影響力

我會提出一個讓他無法拒絕的條件。

——《教父》(*The Godfather*)，維托‧柯里昂，
由馬龍‧白蘭度（Marlon Brando）飾演

■

你已經看到本章節的標題了，現在一定在想我大概失心瘋了，對吧？請聽我解釋。在某方面，黑幫成員就是終極的創業家，他們願意承擔高風險以換取高報酬，而他們之中最成功的人則是談判高手。隨著新資訊不斷湧進，他們必須臨機應變，同時也需要快速做出決定。

讓我先把這件事情說清楚：我並不建議你用不道德或是犯罪的手法來經營公司。這麼明顯的事，我應該也不需多加說明，然而，我還是得說：我反對謀殺、勒索、販毒或任何違法行為，但我很支持打破遊戲規則的做法。這兩者之間有很大的不同：要擾亂一個市場，或是打進一個極度競爭的新

市場，公司創辦人需要對於打破遊戲規則感到自在。本章節的目的並不是替壞人背書，重點是要學習他們哪邊做得很好。

2012 年 9 月，我要求公司裡每一個人都去讀羅伯・葛林的《權力世界的叢林法則 I》。目的並不是要讓大家變得善於操權弄勢，也不是要學會怎麼玩權力的遊戲；而是希望大家能夠理解這些法則，以預防別人用這些法則來對付我們。在我們公司成長的每個階段，別人都曾經用那本書裡寫到的各種骯髒手段，試圖把我們擊垮；因此，我們必須深入理解這些人是怎麼想的，面對他們的戰術，才能與之一搏。

很多執行長和領導人都認為《教父》（第一部和第二部）與其說是有娛樂性，不如說很有教育意義，而這是其來有自的。執行長或公司創辦人會經歷的每一個掙扎，電影裡都有發生：背叛、損失、招募、談判、跟家人合作、偷錢、必須處理掉某個口風不緊的人、被成功沖昏頭——這些都是黑幫成員要處理的事情，也是你要處理的事情。

這也是我在 YouTube 頻道訪問了這麼多幫派分子的原因——像是「公牛薩米」格拉瓦諾、法蘭克・庫洛塔（Frank Cullotta）、雷夫・納塔爾（Ralph Natale），以及唐尼・布拉斯科本人，也就是喬・皮斯托這樣的傢伙。你可能會認為你所屬的領域競爭激烈，但是，想想看幫派的競爭對手，他們是真的會為了獲勝而下手殺人的。如果你搞砸了，失去的是一家公司；但他們要是搞砸了，丟的可是自己的命。大部

分的黑幫分子並不會在存有任何幻想的狀態下行動，他們非常清楚自己究竟在做什麼。

建立人脈、談判以及銷售，這些都是權力招數，對你的盈虧有著極大的影響力。幫派是招兵買馬的行家，因爲他們知道要兜售夢想，讓大家試著想像加入他們組織會有哪些好處。能夠吸引到各行各業的人，進而影響與說服他們，這樣的能力是每個創業家都需要的特殊才能。

我發現前幫派成員是最好的老師之一，因爲他們下的賭注都非常大，常常事關生死，所以他們都成爲溝通、準備以及觀察他人的專家。他們也是大師級的心理學家和談判家，而這些技巧是所有人都學得會的。從研究黑幫成員開始，這是個很棒的起點，現在，我們就來看看該怎麼做。

完人知道如何做準備

在組織犯罪的歷史中，麥可・法蘭賽斯（Michael Franzese）是繼艾爾・卡彭（Al Capone）[19]之後最知名、賺最多錢的黑幫老大之一。麥可已經脫離了「那種生活」，並且把充滿犯罪的過去拋諸腦後了，但他還是被拿來跟《教父》系列電影中虛構的角色麥可・柯里昂做比較，而這是有原因的：這

---

19 譯注：20 世紀上半葉美國知名黑幫老大，其故事曾被改編成電影《鐵面無私》。

兩個麥可都有著光速消化資訊的能力，也都能在高壓情況下有所成長。

多年以前，麥可還在替黑幫工作的時候，有一次被召見到布魯克林區跟他的老闆會面。他回憶道，從車子走到那間公寓這段短短的路程，卻是他走過最漫長的一段路。有一個關於他的謠言，說是他從政府手上偷了 20 億美元，對此，他的老闆當面找他對質。黑幫在意的並不是他從政府手上弄到一筆錢的謠言，而是如果這個謠言為真，他們就要拿到屬於自己的那一份。那是個生死攸關的情況，麥可知道如果他走進那個房間，而老闆認為他真的拿走了這筆錢，那他就再也走不出那個房間了。

因為那場會晤事關生死，所以麥可非常偏執地進行了事前的準備。他不是很擅長製作清單，但我很擅長，而你在任何會議之前都應該要做這 7 件事：

準備會議時，7 個不可或缺的步驟

1. 考慮另一方有什麼需求、欲望和挫折；要記得，恐懼、貪婪與虛榮可以激發大部分人的動力。
2. 事先預測對方會說什麼。
3. 將你想要說的內容，擬出一份腳本／大綱。
4. 用角色扮演的方式，替會議進行幾次沙盤推演，以便在面對不同的反應時能夠有所準備。
5. 請你信任的顧問指出你的盲點所在。

6. 在會議前，讓自己的心境和情緒盡可能保持在最佳狀態。

7. 建立起名聲，讓大家認為你對於你的產品，除了達到原本要求之外，還會做得更好。

　　因為他做了充分的準備，因此他並沒有畏畏縮縮，情緒也沒有爆發；面對指控，他正面迎擊：「他們（媒體）寫其他人（別的幫派分子）的事情時，全都是謊言；然而當他們寫到我的時候，突然之間就全是實話了？我一直都有拿錢給你們（每週 200 萬美元），你們什麼都不用做，都是我在搞定一切……如果有任何人要完蛋，那也是我跟我手下的人。所以現在是怎麼一回事？」

　　麥可展現出一些情緒，這在他的計畫之中。在準備過程當中，他決定最好的行動計畫就是要出其不意、讓對方不知所措，即便是像麥可這樣老練的黑幫分子也是有情緒的，此外，毫無疑問地，他很不高興。他思索並分析了整個情況，然後告訴自己，必須注意自己說話的內容以及做出的行為，並對他的老闆保有敬意。

　　一開局丟出第一拳之後，麥可就往後靠，等著聽對方的說法。他發現整個情況就是他的父親——老約翰・「桑尼」・法蘭賽斯（John "Sonny" Franzese），陷害他的結果。麥可的父親認為麥可有可能比他所表明的賺得更多，而這場會議的目的就是要找出真相。

想像自己身在一場攸關生死的會議裡，而你剛剛發現某個家人、某位親近的友人或是某個生意上的夥伴出賣了你，你可能會非常火大。你思考和分析的能力會被這些情緒淹沒，而當你滿腦子想的都只有復仇的時候，怎麼可能想出解決的方法並生存下去？

　　雖然父親的行動讓他很受傷，但麥可思考和處理這個情況的方法都像是個行家。他在老闆面前保持冷靜，並向老闆保證他會搞定這個問題；他甚至向老闆道謝，感謝老闆讓他注意到這個問題的存在。如果他沒有事先排練過這次會面的一切，是不可能有辦法做到的。

　　這場會晤一結束，麥可就必須去處理父親的出賣所造成的衝擊，他知道要先靠自己釐清這些問題，而在這之前，不要去找父親談。在經過大量思考之後，麥可逐漸接受了父親的所作所為，他知道這種生活可能會讓父子分道揚鑣，而他拒絕讓這種事情發生，於是也就從未向父親提起這個事件。他告訴自己：「在那種生活裡，你會學到，在對的時機來臨前，都要閉緊嘴巴、保持安靜；不過這件事真的讓我有所警覺，讓我知道要小心。我對他非常失望，但我對他的愛依然沒變。」

　　擅長處理問題的人會對自己的行為負起責任，也會把他們的挫折感疏導成一種學習的經驗，並創造出新的模式。當麥可思索過他父親做出的事，他說：「現在，我幾乎可以說是很感謝他這麼做，這個事件之後過了 2 年，我遇見了我的

妻子。我就是在那個時候做了決定，要脫離這種生活……我認為那是上帝要讓我斷開跟父親的連結，或者是父親對我的控制。」

解決問題並非易事，即便是在盛怒之下，麥可還是需要替自己辯解，而且內容要是可信的，同時也不能讓人覺得他懷有戒心。他腦袋裡一定有很多思緒在翻攪著，然而，儘管在壓力之下，他還是把這些思緒都處理好了，甚至想出正確的解決方法。真正的高明之處是在那些看不見的地方：他執著且過分的準備工作。

坐下來談談的藝術：為高風險的會議做好準備

黑手黨的五大家族也仰賴在商業上使用的決議法，這種方法叫做「坐下來談談」。在很多方面，他們用的方法都跟商場上的很類似：那些位高權重的人在董事會會議室裡齊聚一堂，討論重要的事情。只不過，在麥可的世界裡，會議的場所通常會是義大利餐廳後面的房間。

最近，我在開曼群島有個需要坐下來談談的場合，對象是全球最大的保險公司之一的高階主管。會議室裡有他們的執行長和兩位資深副總，我在那個場合的目的是要提高他們給我公司的抽成獎金。

這場會議的賭注很大，最糟的情況會是他們因為我提的要求而深感冒犯，進而直接捨棄我，而這對我的公司來說會

是一場災難。另一個糟糕的情況會是他們拒絕提高獎金，如果這個情況真的發生，我就有可能失去很多位保險業務員，因為公司的營收會不足以拿出跟競爭對手一樣高的薪水。

這等於是要向一個很困難的受眾，提出一個很困難的要求，而且是在對我的公司來說一個很困難的時機。如果你缺乏處理這些問題的工具，這就是那種可能會讓人情緒崩潰的會議。因此，我遵循了我對於「坐下來談」的第一條規則：不要赤手空拳地與會。一如往常，我使用了「準備會議時，7 個不可或缺的步驟」作為我做準備時的指南，就像每個行家都會做的那樣，我事先計畫了很多步的行動。

1. 考慮另一方有什麼需求、欲望和挫折；要記得，恐懼、貪婪與虛榮可以激發大部分人的動力。在開會之前，我分析過讓這些高層感到挫折的點在哪裡，以及他們公司裡拿到最多保單的人是誰，也分析了我們公司跟他們之間的比較和地位。我做好了功課，發現僅僅在 2 年內，我們就從一個很小咖的玩家一飛沖天，變成他們手上開出第二多保單的事務所了。

在《與成功有約：高效能人士的七個習慣》（*The 7 Habits of Highly Effective People*）一書中，作者史蒂芬・柯維（Stephen Covey）說道：「首先要試著理解別人，接著才能被理解。」對我來說，這句話的意思是不再想自己的事，而是站在他們的立場，從他們的角度來看這個情況。

- 我利用**恐懼**：對他們來說，失去我這個客戶，就意謂損失好幾百萬美元的營收。
- 我利用**貪婪**：保住我這個客戶，營收或許可以多增加好幾百萬，並替這些高層帶來七位數的獎金。
- 我利用**幫他們保住面子**這一點：如果我離開、選擇了競爭對手的話，他們真的會很難看。

2. 事先預測對方會說什麼。想想看幹練的律師是如何琢磨出自身論點的：首先，他會考慮另一方會說什麼。關於對方會說什麼以及其原因，你預測到的越多，就越能琢磨出你的故事或要求。

3. 將你想要說的內容，擬出一份腳本／大綱。我最初是從好幾頁的筆記開始，隨著持續的練習，我漸漸可以將訊息做得更加準確。你準備的方式取決於你的風格，人人有所不同。有些講者喜歡寫出整篇講稿，有些人只需條列出重點；我則是比較喜歡用列重點的方式。

4. 用角色扮演的方式，替會議進行幾次沙盤推演，以便在面對不同的反應時能夠有所準備。下一個步驟是召集一個團隊，請他們扮演我將在開曼群島遇到的對方公司高層。他們必須設身處地，站在那些高層的立場上思考，問我問題、挑戰我。最終結果是我修改了自己的腳本，並準備好面對各種不同的反應。

5. 請你信任的顧問指出你的盲點所在。這個步驟有很大

一部分都在上一步處理完畢了。為了要更進一步，我詢問了一些其他產業、可信任的同儕，以確保自己沒有任何盲點。

6. 在會議前，讓自己的心境和情緒盡可能保持在最佳狀態。在抵達會議現場前的每個小細節都很重要，我提早一天飛到那裡，讓自己可以好好休息，也不用怕航班延遲會導致我遲到。我穿的服裝、吃的東西以及所做的運動，都能幫助我擁有正確的心境和狀態。想像會議成功的畫面，以及我公司成功的畫面，也是一個很關鍵的步驟。

7. 建立起名聲，讓大家認為你對於你的產品，除了達到原本要求之外，還會做得更好。如果你不去做接下來該做的事，以上這些就都無關緊要了。你最不希望看到自己公司發生的事，就是擁有光說不練的名聲。

　　由於我付出很多努力，試著從他們的視角來理解情況，因此我對自己公司的缺失以及需改進的地方瞭若指掌。為了處理這些缺失，並展現出我們會如何改正這些地方，我帶著一疊數據去開會，以強化我的論點。我製作了一份計畫，列出 10 個項目，並做好萬全準備。這份計畫裡有 6 個項目都是關於對方公司的，另外 4 項則是跟我的公司有關，就如同我先前建議的，在這種要坐下來談的場合，你需要把大部分時間都放在對手擔心的點上，而不是聚焦在你自己擔心的事情。

　　我走進房間，說道：「聽好，你們想要的是這個，根據上次開會時你們跟我說的內容，這就是你們不開心的點，

而這是我們接下來要解決的。如果我們去做我提議的這件事情，你們就不需僱用額外人員。我已經致電給系統供應商，也知道你們有興趣要購買那個系統，他們說要跟你們收取 100 萬美元的費用，但因為我給了這家供應商很多生意做，所以我已經說服他們不跟你們收這筆費用了。」因為我已經排練過一次又一次，所以有辦法清楚且自信地傳達出這些訊息。

「等等，」你現在可能會這麼想，「我以為你去那裡是為了提高『你的』抽成獎金，那到底為什麼一開始要先告訴他們，你成功讓他們賺了 100 萬美元？」做生意有個簡單的規則：**你要拿到什麼，就要先給出什麼。**大部分外行人都是提出要求的專家，因為他們不會先提供價值。當你設身處地從對方的角度出發，以他們如何才會取勝、如何賺到錢為切入點，他們自然而然就會把你想要的東西給你。

我接下來向他們提案，提議他們以我收集的數據為根據，提高我們的抽成獎金，而這些數據顯示了提高獎金是有正當理由的。「如果你們想要拒絕，沒問題，我手上還有一家公司在談，我認為他們會同意我們所想要的東西。你們還有什麼問題想要問嗎？」

他們問了很多問題。我們來來回回談了 2.5 個小時，事實上，他們的問題、反對和挑戰，我都已經先聽過了。怎麼可能？因為我先做過角色扮演了，就像總是領先好幾步、大師級的執行長那樣，我有辦法引導他們走到我想要的方向，因為我已經預測到他們會走哪幾步棋了。

在《教父》裡，馬龍‧白蘭度飾演的黑手黨大佬維托‧柯里昂，說出了那句經典的台詞：「我會提出一個讓他無法拒絕的條件。」在這個案例中，我提出一個雙贏的協議，讓雙方的公司都能夠增值；而且，有了我所提出的那些數據，他們當然無法拒絕。我成功的關鍵是什麼？就是我在還沒坐下來之前所做的那些工作。

有效的銷售，重點在於信念和感受的移情作用

雖然本章節在講黑手黨，但若是沒有談到傳奇人物吉格‧金克拉（Zig Ziglar）的一些智慧，本章節是不會完整的。他於 2012 年逝世，享壽 86 歲，在這之前，他可能是世界上最有影響力的銷售訓練師。他說過一個很有影響力的故事，那是他手下一位廚具業務員的故事，當時這位業務員的業績正處於低潮期。

吉格問他為什麼東西賣不出去，這名業務員一口氣說出一長串的理由：時機不好、廚具很貴等等。吉格問他自己有沒有這一組廚具，就是他賣給其他人的那一組。這名業務員說沒有。而當吉格問他為什麼的時候，這名業務員告訴他因為自己買不起，特別是當他在銷售的低潮期時。

吉格提出一些問題、傾聽對方的說法、發揮同理心。吉格是真心相信這些廚具是一項很划算的投資，畢竟他自己就擁有這組廚具，所以理解它們是貴在哪裡，他已經把產品的好處給內化了。購買這套廚具就跟其他所有的投資一樣，都

需要一筆事前的支出，也跟任何聰明的投資一樣，吉格是眞心相信這套廚具物超所值。

　　吉格聽著這名業務員的異議，雖然他有合理的理由不去購買自己試圖推銷的廚具，吉格還是眞心相信擁有這套廚具，就可以改善一個人的生活。吉格聽他把話說完，並克服了他提出的每一項異議之後，這名業務員最終還是買了這套廚具。結果，這就是終極的大絕招。

　　當這位業務員下一次在潛在客戶面前做簡報時，所有拒絕購買的常見理由，他都已經聽過了。就跟吉格幾天前對他做的事情一樣，這名業務員問了很多問題、傾聽對方的說法、發揮同理心。而因爲他自己也買了這套廚具，不同之處在於，他對於廚具的價值是深信不疑的，所以他不願讓別人做出拒絕購買的糟糕決定，他眞心覺得比起用來買廚具的那筆錢，擁有這套廚具會讓他們過得更好。

　　他並沒有學習任何華麗的銷售技巧，或是操弄人心的伎倆，他只是改變了自己的感受。當然，那天晚上他成功銷售出那套廚具，後來甚至成爲公司表現最好的人之一。當他對於產品的信心夠強，以致自己都願意購買的時候，他的低潮期也就結束了。讓吉格親自告訴你這個故事的寓意是什麼：「要有絕對且徹底的信心，相信你所賣的產品物超所值，你對於產品的信念要強到自己會去使用它。」

　　要記得，口才是一項過譽的技能，而信念則是被低估的概念。由於情緒和信念才是眞正能夠成功推銷的東西，所以我聘的人是那些既相信自己，也相信公司的人。有了這樣正

直的信念與服務熱忱，他們在任何受眾面前都可以站穩腳跟，不管人數多寡都一樣；他們也能夠秉持著信念去告訴受眾自己在做的事。

銷售應該要是毫不費力的，就像是你本人的自然延伸；你談到自己在做的事情時，應該要感到興奮。化妝品公司的共同創辦人雅詩‧蘭黛（Estée Lauder），曾經獲選為《時代》雜誌 20 世紀最有影響力的 20 位天才，也是其中唯一一位女性，她曾經說道：「我生命中沒有哪一天的工作不是在做銷售。如果我相信某個東西，我就會去兜售這個東西、大力地兜售。」

即便有人讓你認為業務員是天生的，但事實上，沒有誰是天生的業務員。不要再嘗試去找那些「天賦異稟的人」了，與其去尋找業務員，不如找些相信你的願景，並且想要建立關係的人。他們或許不是社交場合的花蝴蝶，事實上，我認識的那些最外向、最有魅力和影響力的人，都是實實在在內向型的人。

擁有影響力的意思，並不是「成功向所有人推銷所有東西」，也不是說服別人做出違背自己最佳利益的行動，銷售的重點在於相信自己，相信你的公司，並相信你可以提供給對方的價值，不管他是一位潛在客戶、重要的賣家還是產業要角都一樣。如果你對自己銷售的東西有信心，如果你的行動不只是出於理智的判斷結果、而是發自內心的，如果你相信所有的談判都有雙贏的結局，如果你真心相信你對於對方

來說是有用的,那麼對你而言,交際、談判和銷售,都會是信手拈來的。

談判的重點在借力使力

在談判中,有辦法借力使力的一方就會勝出,但是,誰才是可以借力使力的那一方呢?這並非總是顯而易見的。首先,不管你做了多少準備,你永遠都無法確實掌握對方的一切。重點終究是要去理解借力使力是怎麼一回事,以及如何從借力使力當中獲取力量。

如果你為了要在某筆交易中達到利潤最大化,因此做得太過火而弄巧成拙的話,你就可能會因小失大。已故的賭場傳奇,同時也是 1972 年世界撲克大賽的冠軍阿瑪里洛瘦子 [20] 曾說過:「你可以幫一隻羊剃 100 次羊毛,但牠的皮,你只能剝一次。」即便是像瘦子這樣的騙子也知道,事業要做得長久,關鍵在於你對待別人的方式,必須讓對方想要繼續跟你做生意。在任何的局裡,目標都不是單次得分,而是建立合夥關係,讓雙方可以永久地持續得分下去。

在事業剛開始的時候,我幾乎沒有任何能力去借力使力。我能成為一位成功的談判家,並不是因為我打腫臉充胖

---

20 譯注:本名為湯瑪斯・奧斯丁・普雷斯頓(Thomas Austin Preston),綽號為阿瑪里洛瘦子(Amarillo Slim)。

子，換句話說，我並不覺得自己有虛張聲勢的必要。反過來，我會仔細建構交易，讓對方可以把風險降到最低，就會更容易接受這筆交易。短期來看，這筆交易對我只有壞處、沒有好處，但是因為我已經先想到之後的幾步了，我會要求拿到一個必備的條件，就是在我們達成一定的目標之後，便改善交易條件，與此同時，另一方還是會賺到錢。由於對方認為我很公平，也就能夠建立長期的合夥關係。

我剛成立保險公司時，有個叫做大衛的傢伙來向我提案，邀我付費使用他的軟體。他請我代表他跟其他保險經紀公司協商，他知道如果有越多人用他的產品，最終也會讓我的公司效率有所提升。他的軟體是最高級的那種，而他也知道這是我需要的東西，因此他挑戰了我的底線：除了請我幫忙跟其他公司談之外，也要求我支付 50,000 美元的軟體授權金。有鑑於「市面零售價」又比這個數字再高出一點，他向我提案的方式，彷彿是在幫我一個忙似的。

我認為大衛很有膽量，不但試圖向我銷售產品，而且還想要借力使力，利用我公司的人脈；但是行家不會洩漏自己未來的行動，於是我也保持沉默。事實上，我確實需要那個軟體，此外，考慮到我們當時現金流的狀況，如果能拿到一點折扣，我的確會很開心。再者，即便大衛看起來像是要我幫他一個忙，但如果其他公司跟我們用同一個軟體的話，對我們公司也是大有好處。大衛把這份提案描述成一個雙贏的方案，而且這種說法也相當有憑有據；說實話，如果當時我

們的合作夥伴都採用了這套軟體，就可以大幅縮減聯絡客戶的時間（你知道我對速度的看法！），還會大量減少我們的人力成本。

　　就是在此處，懂得如何借力使力變得非常重要。我並沒有跟大衛分享我的想法，因為要是他知道我的盤算，對我只會有壞處、沒有好處。大衛有件事情做得不錯，就是提案做得非常高明，以致我們（當時的）總裁告訴我，那是個很好的機會（他說的可能有一部分是對的，但我還是非常驚訝）。有時候在組織裡，位置最高的主管可能不會跟創辦人一樣珍惜銀行裡的現金。50,000 美金在他看來可能不多，但他並不是開出支票的那個人啊！

　　我請我的同事讓我跟大衛通一次電話，這通電話只講了 4 分鐘，我僅僅表明了我對於大衛提案的看法。「我就直說了，」我說，「你想要用我的信譽，替你去跟承保人談判，但你還是要跟我收 50,000 美元，才能用你的軟體？」我沉默了幾拍，讓他好好思考，接著我說：「除非你免除整筆費用，否則這一切都不可能實現。你可以再跟我說你能不能接受這樣的做法，如果不行的話，我也理解。你還有問題要問嗎？」在停頓 5 秒之後，他說：「沒有。」

　　你可能會認為我用這麼強硬的態度等於是在蠻幹，然而，因為我是根據自己那套準備的規則去做的：我站在他的立場、從他的角度來看這筆交易，於是我知道，如果動用了我所有的關係替他談判的話，他會拿到多少好處。我想他應

該夠聰明（要理解你的對手！），思考方式會跟行家一樣，而且他也會認知到，免除那筆 50,000 美元的費用，長期來說根本不算什麼，因為我可以讓他增加這麼多新客戶；而我用這一點當作槓桿來借力使力、提出我的要求。

這個招數最後效果如何呢？我已經跟你分享過許多失敗的經驗了，現在我終於可以帶著微笑、好整以暇地跟你分享我的成功。大衛不只接受我的條件，免除了這筆費用，還把這個故事告訴他的朋友格瑞，格瑞經營著一間事務所，專事私募基金。大衛告訴他，我在市場上是有競爭力的，因此，格瑞在我們下一輪的募資中投資了 1,000 萬美元。

這些事怎麼可能發生呢？當你對於自己的成果很有信心，也投入努力要讓事情成功，那你就可以挑戰極限；如果你不去執行的話，那就只是另一個傲慢又愛放話的人。**你要兌現承諾，才能讓你在市場上贏得尊重。**

如何獲勝：讓對方覺得自己贏了

在商場上，你會遇到很多各式各樣的人，並跟他們一起共事，有些人聰明絕頂、有些人傲慢自大、有些人獨樹一幟，還有些人會很瘋狂。能夠跟各種不同的人一起有效且成功地合作，包含顧客、員工、事業夥伴、投資人，對於成功來說是一件相當關鍵的事。這種能力有很大一部分指的是快速評估對方狀況，以及學習如何建立堅固的共識關係。

瘋狂跟絕頂聰明之間只有一線之隔，真的發瘋跟成功到令人發瘋之間也只有一線之隔。除了約翰·加特納的《輕度狂躁的優勢》之外，我還推薦納瑟·根米（Nassir Ghaemi）的《領導人都是瘋子：第一本解析領導特質與精神疾病關聯的機密報告》（*A First-Rate Madness: Uncovering the Links Between Leadership and Mental Illness*）。這些書會讓你看到那些菁英中的菁英，其不同的思考方式。他們之中大部分的人，思維都跟別人不一樣，而你需要知道是哪裡不一樣，才能順利跟這些人好好相處。

　　你需要學會如何跟這類型的人談判，一開始時你會覺得自己彷彿身處在一個塞滿自戀狂的房間裡，大家都很冷血無情。你還需要找到一個方法來應對他們，因為他們是一直陰魂不散的。同時，如果你在讀本書，也已經徹底下定決心要登峰造極，那麼你有很大的機率也有「一點點瘋狂」。我個人絕對是比「一點點瘋狂」還要瘋狂很多，因為我已經準備好要成為 1％菁英中的 1％菁英，所以我會向任何有助益的人事物學習。

　　如果你可以放下自尊，就會發現你能取得勝利的方法，常常同時也能讓別人獲勝。有時候，讓別人認為有一些偉大的點子是他們想出來的，也是一種值得的做法。讓我們從黑幫的世界跳到另一個極度高壓的世界，也就是避險基金的生意，來看看這門生意是怎麼運作的。

　　年輕的達瑞在一家避險基金公司工作，但在這裡工作，

還不如在著名黑幫老大約翰·高蒂（John Gotti）手下工作會更好一些。達瑞的老闆（就叫他戴爾吧）很有名，但是比起名氣，他的自尊更高一些。達瑞會花好幾個月的時間找尋新點子，在市場上尋找賺取套利的機會。當他終於有了一個點子，也有著無可挑剔的數據來支持，他會走到戴爾的辦公室裡，從各個角度對這筆投資進行全面分析。他的研究以及呈現的方式都是可以贏得奧斯卡獎的那種，他很聰明，準備很充分、也很有說服力。

然而，一如往常，戴爾會拒絕他的提案。這讓達瑞暴跳如雷。他從各種角度拆解提案，但無論如何，就是找不到問題在哪裡。他很挫折，甚至差點辭職。事實上，達瑞有一個盲點，而且直到他下定決心把盲點找出來，才開始有所行動。在他們團隊的投資會議中，他注意到有一位同事很少說話，而且總是把對自己的稱讚轉移到戴爾身上，達瑞知道有很多點子都是這位同事想出來的，但是，這些點子卻常常被呈現得彷彿是戴爾的點子一樣，達瑞對此感到很驚奇。

這就是那種「啊！原來如此！」的頓悟瞬間。

當達瑞又有新點子時，他用了不同的方法。他不再帶著推薦的方案走進戴爾的辦公室，而是帶著問題走進去；他不再表現得自信滿滿，而是充滿疑惑：「戴爾，我發現殖利率曲線開始漸趨平緩了。」

「所以你想說什麼？」戴爾問道。

「我也注意到 10 年期公債的定價高於歷史平均了。」

「這不合理，」戴爾說道。

「我也搞不懂，」戴爾有點窘迫地回道，「看起來似乎有什麼問題。」

「當然有問題了，我們需要把 10 年期公債放空。」

「我想你說得沒錯，我怎麼會沒想到這點呢？」

「我當然沒錯，我一直跟你們年輕人說要花上 30 年的時間，才有辦法一戰成名；現在快滾出去把那些 10 年公債賣一賣。」

你現在已經知道要怎麼運用力量，因此這個（真實的）故事對你來說應該很好懂。因為達瑞終於搞清楚要如何思考才能像個行家，於是才有辦法做出一系列行動，並問出一系列問題，進而成功把戴爾帶往自己想要的方向。

．　．　．　．　．

黑手黨是一個很迷人的組織，雖然我並不怎麼支持他們的所作所為，但我還是從黑手黨的運作方式當中學到很多東西。雖然我們可能會開玩笑說：「提出一個讓他無法拒絕的條件。」但是我期待你能更進一步，做到黑幫成員那種程度的萬全準備，不管是什麼會議，你都要理解有哪些風險，並且早在會議開始之前，就有所行動、使出渾身解數，以確保自己成功。一份讓雙方都有所收穫的提案，就會是那種讓人無法拒絕的條件。

培養你的力量，保持實戰力

即便一個人對於自己的財富引以為傲，但在他知道如何運用自己的財富之前，都不應該為人稱頌。

——蘇格拉底

■

大家都很喜歡你——直到你變成競爭者，尤其你又是個相當可畏的對手。我剛成立公司時，所有人都是啦啦隊、每個人都排隊祝福我，大家很喜愛弱者那種溫暖又有點凌亂的故事。一旦公司真的開始成長的時候，敵人就從四面八方不斷出現。大家開始在社群媒體上封鎖我，也會有謠言散播出去；他們開始叫我「達斯·貝大衛」[21]。跟我身處同產業的人，如你所知，他們盡其所能想要讓我歇業。

最終極的挑戰是，年復一年都能讓自己保持是一個成功的創業家。在本書最後一個章節裡，我希望你能學到更多關

---

21 譯注：來自於電影《星際大戰》的主要反派角色達斯·維達。

於借力使力的內容。我希望你看到，擁有選擇會如何改變你的心態和思維，最終則會讓你通往力量。我希望你能看到，在要求別人給予回報之前，先問問你可以如何幫助別人，這種做法會改變你所有的人際互動。

我們會進一步延伸已經談過的主題，此外，有鑑於你需要人，才能讓公司擴張，也需要能夠帶來滿足感的人際關係，才能享受人生，因此我們將會深究並解釋要如何引導他人成為最好的自己。不要把「驅動」一詞誤解為你是那個在開車、在控制局面的人，這其實指的是你需要理解什麼東西能夠驅動他人。你要知道，對每個人來說，會帶來動力的東西都不一樣，而你要運用領導能力，協助他們在前進時把方向盤轉往正確的方向。

真正的力量，就是擁有選擇

借力使力是力量裡一個很重要的元素，我們需要更深入地探究、理解得更透澈。真正把借力使力的槓桿握在手上的人，就是最不需要那筆交易的人。選擇，會替你帶來力量。如果你有辦法從一筆交易中抽身離去，那你就是在談判的最佳位置，可以談到最好的條件；如果你非做成這筆交易不可，那就是人為刀俎、我為魚肉，你很可能會拿到不怎麼樣的條件。

這個概念相當清楚好懂，問題在於要怎麼執行？長話短

說，答案是：**只要有可能，就要培養多個不同的選項**。不要只瞄準那棟獨一無二的夢幻住宅（同樣的概念也適用於車子、辦公大樓以及關鍵人才的聘用），你要去調查市場，找到三個你喜歡的選項，接著當你要跟最佳選擇進行交易的時候，你就會擁有優勢，因為你還有其他滿意的選項。如果你感覺到你是賣家的唯一選擇，那你就真的擁有能夠借力使力的槓桿了。

我知道有一種創業家只會追著一家大客戶，希望他可以解決自己所有的問題。他們認為把自己的產品弄進好市多、目標百貨或是沃爾瑪裡，就等於再也不用開發新客戶了。這種交易或許會成為你的魔法子彈，大概可以撐個一個月，甚至是一兩年，但是到了最後，這個大客戶就會借力使力，把你的力量拿走。因為擔心失去重要客戶或是員工，造成了你多大的痛苦？現在，看看你最深層的理由是什麼。真正的理由在於，你不知道如果失去客戶或是員工，還能不能生存下去，所以，你等於是已經把自己的力量放到別人手中了。

我現在在替巴比的公司做顧問，他的公司年營收是 800 萬美元。就帳面上來看，他的公司表現得很不錯，只有一個問題：其中有 500 萬美元的營收都來自同一位客戶。有段時間，這位客戶對他們相當滿意，日子也相當美好；但是漸漸地，這位客戶開始不停施壓，要他們讓步，那為什麼巴比不也向對方施壓呢？因為他沒有其他選擇了。不管他怎樣裝腔作勢或吹牛（這些還是有其作用），在一段關係裡，大家

都很清楚掌握力量的是哪一方。這位客戶不斷要求更好的條件，且語帶威脅：如果你不給我們所想要的，那我們就會把這筆生意給別人。

我們現在應該都已經是做生意的大師了，要有辦法想出一個完美的招數，讓巴比可以擺脫這個困境。事實上，他請我去做的就是這件事。問題只是在於，早在他讓自己陷入如此困境的多年之前，就應該要採取行動，但他沒有。當他停下腳步、不再開發新客戶的時候；當他停下腳步、不再去壯大自己公司的時候；當他因為成功找到這個大客戶而沾沾自喜的時候，就是問題開始萌芽的時候。

我給了巴比一個簡單的解決方法：去找到更多選項。他已經沒有力量可以借力使力了，也已經沒招數可以留住這個大客戶，也沒辦法再虛張聲勢了；甚至，就算留住這個客戶，還是連一毛的利潤都賺不到。當然，他並不想聽到這種話。

巴比失去了這個客戶，一夜之間，營收從 800 萬掉到只剩 300 萬美元。此外，彷彿這還不夠糟一樣，他被迫要出售公司，因為沒了這名主要的客戶，公司就撐不下去了。你知道是誰買下他的公司嗎？沒錯，就是他之前的客戶，而且在併購之後，立刻將巴比踢出公司。因為巴比表現得像是個業餘玩家，從來不會設想超過兩步以後的行動，他就被將軍、踢出公司了。

這個故事帶給我們什麼教訓？**擁有力量的關鍵，就是要擁有選擇**。如果巴比讓營收分散在更多客戶身上的話，就不

會如此不堪一擊；如果當初他讓公司有所成長，以致別人對他公司產品的需求大於他的產能，他就可以成為控制條件的那一方，力量就會移轉到巴比這邊，他也就有能力提高價格或是堅持要對方更快付款。

或許在你的個人生活中，你很幸運能夠找到那個完美的人，可以跟你從此過著幸福快樂的日子；但是在商業圈，完美的客戶是不存在的，不管對方多帥多美、多有錢都一樣。如果你們公司有超過 30% 營收都來自同一個客戶，那麻煩就大了。無論賺到多少錢都一樣，當營收金流都集中在同一個客戶身上的時候，掌控權就是在那個客戶手上。

你要替自己創造出不同選擇，對於客戶，你要能夠有所選擇；對於人才來說也是一樣。當你在這兩件事上都有充分的選擇，就不會老是擔心大家會離開你；如果你一直保持著良好的身材，那不管對誰來說，你都會很有吸引力。在商業上，保持好身材的意思就是比別人更努力工作、更努力進步、更堅持不懈，以及更努力去制定策略，才能打敗競爭對手。

為了在長期的力量之爭中生存下去，你需要謙遜與服務

2019 年，我在加州長灘市一場名為 DRIVEN 的活動中，替一群雄心勃勃的創業家做了一場演講。在演講結束之後，有個傢伙上前來找我，與此同時，我們身邊還有其他 40 個人、5 台相機對著我們，然後他開始說：「我得告訴你，

派崔克，你演講的內容改變了我的人生，我的意思是，我已經不是昨天的那個我了。」

我就是為了這種時刻而活，聽見我所提供的內容是如何幫助到他人，是讓我感到驕傲的主要原因之一。當我正在享受這種恭維時，他遞給我一張名片，說道：「我叫做瑞奇，如果你之後哪天有想要在拉斯維加斯買房地產的話，打個電話給我吧！」我在這裡打斷了他：「讓我問你一個問題，你知道自己剛剛做了什麼事嗎？」他說：「我做了什麼？」

讓我們在這裡暫停一下，想想看他做了什麼。在我看來，他這樣的行為等於是在酒吧裡，走到一個女人面前，跟她說：「我的天，妳超美！我的天，妳的頭髮，我看得出來妳有花時間整理過；妳的眉毛，完美。哇，妳真的超級迷人！聽好，如果妳之後哪天想跟我上床，這是我的名片，打個電話給我吧！」這在你聽來像是有力的招數嗎？

我很喜歡瑞奇，也很欣賞他這種很有活力的行動。我只是想要讓他理解，他這種方法將會扼殺我未來跟他建立長期關係的機會。當然，如果你只是在做數量之爭，用亂槍打鳥的策略來做生意與找對象，這會讓你時不時拿到一點業績，即便是那種只能想到接下來一步動作的外行人，也可以偶爾拿到幾筆生意。

我問他：「你對這段關係有什麼打算？想想你是帶著什麼眼光來看待這段關係的，你的眼光目前只看到你從這段關係中能獲得什麼好處。」我們又聊了一會兒，我在瑞奇的態

度中察覺到足夠的好奇心和謙遜，所以我跟他說了一個故事。

我 20 幾歲時，也就是我剛開始賣保險的時候，認識了人脈很廣的傢伙，叫做艾里，他也是中東人，我們有一些共同朋友。我跟他並不是生意上的關係，他比較像是我們家族的朋友，我們後來變成好兄弟。有一次，他邀請我去參加他的 50 歲生日派對，派對是辦在他位於洛杉磯郊外的昂貴房子裡，我開著福特 Focus 汽車抵達現場，然後看到外面停了一排名車，我意識到這場派對可能是一個建立人脈的絕佳機會。即便如此，我還是保持低調，我並未談論生意上的事情或是遞出名片，甚至留下來幫忙洗碗。

艾里跟我之間建立起友誼，隨著我們對彼此的了解越來越深，我問了他：「有什麼是我可以幫忙的？我可以做些什麼，讓你的生活變得更美好？」艾里的情緒開始湧上來了，他跟我說他有個兒子，已經在牢裡待 9 年了，都沒有人去探望他，因為監獄是在聖路易斯－奧比斯保，光是交通時間就要 4 個小時，而且那是座很簡陋的監獄。「如果你願意去看看的話，」艾里說道，「那對我來說意義非常重大。如果你不想去，我也可以理解；但如果你可以去一下，真的會幫上我很大的忙。」我答應他，我會去。

去探監之前，我還得經過身分背景確認、壓指紋之類的整套流程，花了 30 天的時間才拿到許可。當我一拿到探監許可，就開車去監獄，花了一整天的時間跟艾里的兒子相處。他坐在角落說著一些事情，像是：「這個傢伙剛剛刺

了那個人，他因為這件事被單獨監禁。那個傢伙是這裡的王。」他把每個人都一一指出來，說著他們的故事，彷彿我們兩個是老朋友似的。

我們成了筆友，會互相寄信、回信，不是電子郵件喔！是信件！這趟為時 4 小時的車程，我還多開了幾趟。在第一次探視過後，艾里打給我，說道：「你絕對無法想像，你替我做的這件事對我來說有多重要。」

我說：「沒問題，兄弟，有事隨時找我。」

我們後來在他家見面吃午餐，然後他問了我：「有什麼是我能幫你的？」我就是在這個時候告訴艾里，我是一個金融顧問，而且正在找客戶。他給了我一份名單，上面有 600 個名字，他跟我說，我打給這些人的時候，可以拿他的名號來用。

當時在事業生涯中，我已經理解到，打陌生的推銷電話（大部分都會被掛電話）跟有人替你引介（通常會帶來見面機會）之間的差別。這些人當中，有一個人讓我遇到另一個人、他又把我介紹給另一個人、這個人又把我介紹給第 4 個人、這個人又把我介紹給第 5 個人、這個人又把我介紹給第 6 個人，而最後這個人讓我賺進 3,000 萬美元。

等我說完這個故事，瑞奇臉上的表情變了，我跟他說：「你懂了嗎？如果我第一天就去找他，然後說：『你可以給我一些潛在客戶的聯絡資料嗎？』你可以想像會發生什麼事嗎？他一定會拒絕的。」

運用力量的重點在於要打持久戰。你覺得我們為什麼會

提到這麼多關於西洋棋大師的事？如果你希望有人轉介、想要建立長期的關係，那麼下一次，無論你遇到誰（更別說是擁有關鍵影響力的那種人物），不要直接上前表示：「你想要跟我上床嗎？你可以給我所想要的東西嗎？」

更厲害的招數，是反過來問他：「有什麼是我可以做的？我幫得上什麼忙？」為使出這招，你需要徹底改變心態和思維，而且這足以改變你的人生。你不只會建立起更優質的關係，還會有辦法真正把這局玩得長久、讓你賺得飽飽的。

增加力量的公式

- **比別人做得更多**：投入時間這一點很關鍵，但是，光只有努力是不夠的。
- **比別人進步得更快**：這會讓你總是有新方法讓公司更上一層樓，也會讓你有信心。如果說我對於哪個領域非常執著，而且一定要奮力爭取到，就是必定要比同儕進步得更快。
- **比別人制定更多策略**：這意謂你要先想到接下來的五招，也意謂要釐清如何擴張，並且要在你使出的招數奏效之前，有耐心去計畫接下來的幾步該怎麼走。
- **比別人堅持得更久**：當你達成很高的成就與徹底慘敗之後，都可以更真實地了解別人。很難知道誰會堅持得下去。要比別人堅持得更久的話，你需要有很高的忍耐力，而要擁有忍耐力，你要做出對的選擇，讓自己保持警覺、專注在這場比賽上。

跟隨你想要成為的那個人學習

現在，我們要把所有東西串在一起，第一步，目的是要讓你釐清自己想成為什麼樣的人，而為了成為你想要成為的人，有個強力的招數是去找一個在那方面已經有所成就的人。

巴菲特很幸運，他在哥倫比亞大學時有班傑明·葛拉漢（Benjamin Graham）這位教授，已故的葛拉漢教授是《智慧型股票投資人》（*The Intelligent Investor: The Definitive Book on Value Investing*）一書的作者，並且被視為價值投資之父。能夠親自學習這位投資界偉人的課程，這在巴菲特的成功之中扮演了舉足輕重的角色。巴菲特於商學院畢業後，因為太想要跟隨葛拉漢的腳步學習，以致他願意免費替葛拉漢工作，當時葛拉漢並沒有給他職位，而巴菲特也回到自己的老家：內布拉斯加州奧馬哈市。後來，葛拉漢聘用了他，而巴菲特說道：「我接受了我的英雄葛拉漢給我的工作，我完全沒問薪水，我是在月底拿到第一張薪資支票時，才知道自己賺了多少錢。」

在實體空間上的接近，就是跟隨一個人與尋找導師（這點在第 12 章談過了）之間的差異所在。如果你有辦法找到一個人，願意讓你近距離觀察他，那就要好好利用這個機會。跟隨某個人學習與擁有導師之間是天壤之別。導師可能會「告訴」你要做什麼，但是，真正追隨一個在實戰中表現得有聲有色的人，他則是直接「做」給你看、讓你知道要做什麼，

你可以親自觀察他在遇到衝突和緊張的談判時會做什麼，也可以學到如何應對敵人、如何讓團隊獲得動力去行動。

無論我再怎麼反覆強調，或許都不足以表達這點：當你身邊的人都是一些過著你夢想中生活的人，會是一種極為有效的做法。重點在於，你應該跟隨成功人士，不管你自己的事業目前在哪個位置都一樣。在我成長過程的每個階段，我都讓自己緊緊跟隨仰慕的對象。當我還小的時候，爸爸去哪裡，我就跟到哪裡；在軍隊裡，我跟最厲害的領導人待在一塊；我也會跟最強壯的人一起健身；作為倍力健身公司的業務員，我跟隨的是法蘭西斯可‧戴維斯（Francisco Davis），因為他是最頂尖的業務。我不在乎時間多晚或是要做多低賤的任務，為了可以跟戴維斯對話 10 分鐘，待到多晚都是值得的；即便只是他在打電話、跟進客戶狀況時，允許我在他的辦公室裡，依然都很值得。我期待的是滋養自己的心智，並看看有什麼事是我可以做得更好的。

成功人士都很忙，所以你要提供價值給他們。你可以提議替他們買咖啡或午餐，這對你來說毫無損失，不過，如果可以做些什麼來改善他們的公司就更好了。自願去編輯他們的提案或是做研究；表示你願意待晚一點，幫他們寫感謝函，與此同時，你可以一邊聽著他們打銷售電話。你可能會對自己能夠給出的東西感到驚訝，特別是如果你不到 30 歲，你可能比任何 40 歲以上的人都更了解社群媒體，那你可以提議替他們的公司建立社群媒體頁面。理想上來說，這

段關係會是雙贏的。你能夠跟對方相處並學習，而他則會因爲你的技能以及你對於工作的意願而有所收益。

■ ■ ■ ■ ■

　　最後一個例子是 NBA 的教練史蒂夫·科爾，就是那個讓安德烈·伊古達拉在金州勇士隊奪下 NBA 總冠軍的路途上覺得團隊需要自己的人。科爾剛當上總教練的 5 個賽季中，每年都帶領金州勇士隊進入總決賽，並拿下 3 次冠軍。這 5 個賽季讓人精疲力盡，其中最後一個賽季，他還親眼看著克萊·湯普森（Klay Thompson）、凱文·杜蘭特、德馬庫斯·卡森斯（DeMarcus Cousins）身受重傷（後面 2 位透過自由球員的方式離開了球隊）。在經歷這一切之後，你可能會認爲 2019 年的夏天他會休息一下，而他也非常值得好好休息一番。

　　2019 年夏天，美國隊正在準備國際籃球總會（FIBA）的世界盃。我是個超級籃球粉絲，但我甚至說不出 FIBA 這四個字母分別代表什麼。擔任這個團隊的教練既無法獲得榮光、沒有奧運獎牌，也幾乎不會獲得任何認可。事實上，有很多 NBA 球星都拒絕參賽，所以團隊名冊上沒幾個 NBA 的全明星。但由於格雷格·波波維奇（Gregg Popovich）擔任總教練（他可以說是 NBA 最厲害的教練），於是，史蒂夫·科爾也就把他的假期放一邊，自願擔任波波維奇的助理，因

為他無法抗拒這種可以跟隨偉大人士學習的機會。

「這是一個非常棒的機會，我也非常感恩這次機會，」科爾說道，「我真的是三生有幸，能夠以業餘身分加入美國籃球計畫，並且有機會可以在 30 年後回到世界級的舞台上。波波維奇曾是我的教練和我的導師，替波波維奇工作真是讓我倍感榮幸。」

如果你想要增加力量，就一定要創造出跟隨他人學習的機會。如果你想要成為傑出的人，那麼即便是在贏得冠軍賽之後，依然要抓住每一個可以跟隨有力的領袖學習的機會。

領導能力是，知道什麼東西可以激發他人的動力

在最後這個章節裡，我們不停回頭去談那些已經談過的概念。現在，我們是在談一個更高的層級。在第 3 章中，我們談到要知道什麼東西可以讓你自己產生動力。現在我們要來檢視，是什麼會讓別人有動力。我們在談創業家要學會的九種愛之語時，有稍微提到一些，但在這裡，我們要談的是更進一步的內容。

我 22 歲時在摩根士丹利擔任顧問。我曾經在一個月內面對了兩組完全不同的受眾，第一組是一群長輩，他們想要了解有沒有更好的退休方案。大部分的時間，我都在跟他們描述這些畫面：住在一棟 280 坪的房子裡，外面停著一台法拉利，錢包裡還有一張美國運通黑卡，以及擁有這種生活會

是什麼樣的感覺。他們看我的眼神，彷彿是在說我是不是瘋了，直到他們乾脆放棄聽我說。

2 週之後，我跟一組 20 歲後半到 30 歲前半的業務員談話，我決定徹底換成另一個方法。我請他們想想，有一天終於可以送他們的孩子和孫子去念最頂尖的大學，而且不用擔心要花多少錢的話，會是什麼感覺；或者是，退休金帳戶的錢已經足夠，接下來的人生可以每個月領 10,000 美元出來，同時住在舒舒服服的環境，就在高爾夫球場旁邊。但同樣的，他們根本沒在聽。

當時，我上頭有一個經理，她試圖要給我動力，而她談的所有東西都是會讓「她自己」產生動力的東西。就如同你所想像的，我沒在聽。我自己在思考這件事的時候，終於意識到為什麼這兩群受眾都無法理解我所講述的內容，就像經理說的內容不會讓我產生動力一樣，我並未向這兩群受眾說出會激發他們動力的內容。

最終極的大絕招，就是要讓別人發揮出自己的極大值；同時，這招也會帶來最大的滿足感（這是能夠讓我自己有動力的東西）。看見別人終於抓到重點，並且開始行動，進而取得成功，這就是我生活最大的動力。這也是為什麼你們手上會拿著這本書。

一個偉大的領導人，能夠做出良好示範，並且贏得道德權威。一個偉大的領導人，能夠讓別人去做那些他們自己不會想做的事。有很多人即便做出了良好示範，卻還是很難讓

團隊按照範例行事，因為以身作則是不夠的。偉大的領導人最終要學會如何驅策別人，讓他們達成自己所定義的卓越標準。這並不是件容易的事，所以，擁有這項技能的人能夠坐擁高薪；所有知道該如何激發他人動力的人，都擁有可以轉移到任何產業裡的技能組。

我們再看一次那 4 個會讓人產生動力的領域，接著我們會具體談到如何帶領各種類型的人。

* **發展成就**。被這個領域所驅動並產生動力的人，會把達到新的高度視為最好的動力來源。要時時替他們設定下

四個會讓人產生動力的領域

發展成就

* 下一次的升職
* 完成一項任務
* 趕在期限前完成
* 達成團隊目標

個人生活

* 生活風格
* 認可
* 安全保障

瘋狂特質

* 反抗
* 競爭
* 控制
* 權力與名聲
* 證明別人是錯的
* 避免丟臉
* 全面征服
* 成為最佳（紀錄）的欲望

人生意義

* 創造歷史
* 幫助他人
* 改變
* 影響
* 有所領悟／自我實現

一個目標或是職位，讓他們不斷往上爬，不然他們就會開始感到無聊。

- **個人生活**。跟這組人溝通的語言，是描述如果他們盡了全力，未來的生活將會是什麼模樣：名車、聲望、五星級餐廳、國外旅遊、跟名人有所連結等等。只要他們知道跟你一起工作，可以因此擁有驅使他們往前走的那種生活風格，他們就會用盡全力讓公司成長。

- **瘋狂特質**。被這個領域所驅動的人，激發動力的會是一些傳統上較不常見的因素。他們會因為有敵人、因為要面對對手而被驅動，如果你不時時替他們找個新的敵人，他們就會無聊到不行。

- **人生意義**。被這個領域所驅動的人，會想要參與一些超過自己生命範圍的大事，但同時他們也希望史書（在公司歷史或是產業報告裡）能夠記上他們一筆。這可能會是人數最少的一組，但如果你夠幸運，可以吸引到一個這樣的人進到你的組織裡，那就準備去體驗他們爆炸性的影響力吧！

理解、定位、帶領，但不要試圖修正

無論你是在管理誰，記得，如果想要失去他們或是讓他們感到挫折，最快的方法就是試著改變他們。在我的職涯中，我真的犯過太多次這個錯了。你應該要做的是，找到什麼事會激發他們的動力，並把他們放在對的位置，讓他們可

以取得最高層級的勝利。要做到這件事，你可能會需要改變自己看待他們的眼光。

　　不要再試著去修正別人了！以爲自己可以改變別人，這種行爲是一種錯覺。公司剛成立的時候，我犯了好幾次這個錯。當他們沒能成功時，我就逼得非常緊，因爲我認爲那就是他們想要的方式；我以爲如果他們搞砸了，他們會想要知道我的回饋（雖然可能很尖銳），然後他們就會改變，並成爲我需要他們成爲的那種表現傑出的人。

　　這完全是錯覺，我發現我無法改變其他人。他們必須要有內在的驅動力，才會去修正自己的錯誤，而當我意識到這一點，就立刻開始改變，並採取更有效的方法來進行管理。我不再試著解決其他人的問題，而是意識到，他們想要的是有人願意傾聽他們、有人會向他們提問、有人會輕輕在他們後面推一把，把他們推到正確的方向上。大家都想被聽見，因此，花些時間來了解他們，會是終極的大絕招。接下來，如果他們擁有一股內在的驅力、讓他們想要登峰造極，那他們就會自我修正，做好自己的工作，以賺到屬於自己的好處。

■　■　■　■　■

　　深度探討過這種力量之爭之後，現在，我們有了不同的眼光可以檢視各種不同類型的人際互動。不管是談判中的借力使力，還是跟一位有影響力的對象初次見面，你都要花時

間觀察力量在誰那裡，然後依據力量的位置去行動——這會讓你成為行家。如果你想要發展出這份能力，那你能做的最有力的一招，就是待在偉大的領袖身邊學習。不管在什麼狀況下，你都要盡力待在那些擁有你在尋找的技能的人以及成功人士的身邊。

最後，要把寫有 4 個讓人產生動力的領域的表格放在身邊，要記得，每個人都是被不同的東西所驅動的。身為領導人，你的工作並不是驅策他們（或甚至是修正他們），而是去理解他們，並幫助他們整理好眼前的棋子，讓他們可以把潛力發揮到極致。

→ → → → **第五步：徹底學會使用力量**

如何擊敗巨人並掌控故事的走向

找出你和你的公司要打倒的下一個巨人是誰，製作出一套策略來控制故事的走向，盡可能減少會讓你分心的東西，還有其他任何可能妨礙你打敗巨人的東西。

研究黑幫：如何銷售、談判、產生影響力

不要只想著自己有哪些好處，也要想想如何替你的策略夥伴找到勝利。在下一場會議之前，好好按照那 7 個步

驟去做準備。在每一場協商中，都要知道能借力使力的是哪一方；當你沒有借力使力的空間時，談判的時候就不要用力過猛；而當你是握有力量的那一方，也不要霸凌對方，尤其是當你把對方當作長期策略夥伴的時候。

培養你的力量，保持實戰力

要常常研究力量槓桿，觀察人與人、國與國、公司與公司之間的互動，看看你能不能找出誰才是有力量、可以掌握槓桿的一方，也要查看那個人或那個組織是否有利用這樣的槓桿，提高自己的力量。改變你跟人相處的方法，想辦法幫助別人，不要用亂槍打鳥的方法談生意。最後，要真心珍惜別人，時時去找什麼東西可以讓別人有動力去行動，以及根據他們的動力來源，判斷你帶領他們的方式。

結 語

將軍

身為一個連中學都沒畢業的人，我認為終身學習以及對
世界擁有無止境的好奇心是非常重要的。

——理查‧布蘭森，英國維珍集團董事長

■

我們一起走過了一段很長的路。如果你不是個運動迷，
那你一路上可能聽到太多跟運動相關的譬喻。我只能分享我
所知道的內容，而且我就是忍不住一直去找商業和運動之
間的關係，所以請容我再做最後一次比喻。有一個叫做安德
魯‧拜納（Andrew Bynum）的男人，他之於籃球就像是馬
格努斯‧卡爾森之於西洋棋一樣，我知道我對他的讚譽聽起
來有點過頭了，但是請聽我說下去。

拜納有著天賦異稟的天分，2005 年，他年僅 17 歲，在
首輪選秀就被我深愛的洛杉磯湖人隊選上了，偉大的柯比‧
布萊恩當時依然在全盛時期；我等不及要看那頭身高超過 2
公尺的巨獸稱霸 NBA 了。從紀錄上來看，拜納的天分讓他

有機會跟俠客‧歐尼爾（Shaquille O'Neal）一樣厲害；在球場上，他展現出那種有朝一日一定會登上名人堂的鋒芒。

拜納作為一名技巧極其高超的籃球選手，幫助湖人隊在 2009 年和 2010 年拿下總冠軍，2012 年，在他滿 25 歲之前，就被選入了 NBA 最佳陣容。他看起來正走在那條通往更多冠軍的路上，並且將成為最佳陣容隊的固定班底。

接著，一切急轉直下。他受了一些傷，被交易到費城 76 人隊。他在聯盟中不停換隊，在 2013 年，他在替克里夫蘭騎士隊比賽時被停賽了。理由很令人擔心：有一次在練習中，他只要一拿到球，就會出手投球，也不管他當時在球場上的哪個位置。我認為這種行為簡直就是對他的教練和隊友比出中指，這對籃球比賽是非常不尊重的行為。冠軍、榮耀和好幾千萬美元的收入，他都不管了，在 26 歲的年紀，拜納徹底毀了自己的事業，並且讓籃球這項運動賽事蒙羞。

為什麼會這樣呢？我從來沒見過拜納，所以我只能用推測的。我是這樣看待這些事的：拜納之所以會高成低就的原因在於，他並不熱愛籃球。既然是他從未愛過的東西，他又怎麼會尊重呢？

有時候，我們很難愛上某個太容易就到手的東西，在商場上你可以一直看到這件事情反覆發生；你也經常會在有錢人家的小孩獲得大筆遺產時看見這種事。當生活中不再需要努力，也不再有任何困難的時候，當我們不必去爭取就可以擁有一些東西，就會開始覺得自己可以為所欲為，把這些東

西當成是理所當然的。這是人性的定律之一。

為什麼要花這麼多篇幅談安德魯‧拜納呢？因為在開發自身潛能時，最重要的那個因素是非常簡單的：**一定要是你在意的事情**。歷史課本裡有很多人完成了許多不可能的事，僅僅因為那是他們在乎的事情。我希望有什麼東西會讓拜納真心在意，並且願意傾全力去努力。

你自己必須想要成功。你需要非常急切地渴望成功，渴望到會痛的程度。耐力、付出、動力──這是所有菁英人士都具備的特質，從運動員、西洋棋大師到執行長都是。我知道我一直在提醒你這有多難，因為我知道要將你的才能推到想像力所及的最高境界，還需要另一個工具。

提升，就是從最底端重新開始往上爬

為達到最大的產能，你會需要「向上競爭」，並且無所畏懼。你要追求的是在各方面打敗原本最好的自己，但諷刺的是，每次你向上踏一步，你都需要從最底部重新開始。

小學裡的孩子王在升上國中的那一天，就變成最底層的小人物。當他終於重新爬到階梯的頂端，高中就開始了，他又被打回谷底。你的事業進程會跟這個過程很類似：每次你有所進展，就會正式位於上面那層的最低階。讓大家不敢往上爬的最大恐懼之一，就是他們會得不到尊重。透過這張圖表，你就能理解我在說什麼：

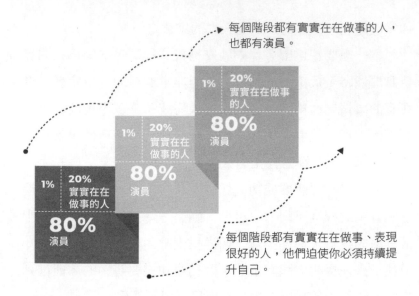

每個階段都有實實在在做事的人，也都有演員。

每個階段都有實實在在做事、表現很好的人，他們迫使你必須持續提升自己。

擠進 1％的關鍵，就是持續在學習和成長上進行投資。大型集團會對於人才進行投資，公司會培養有潛力的資淺員工的領導能力、把他們送去參加昂貴的訓練課程，並指派有經驗的導師。如果你沒有大型集團的奢侈資源去投資自己的人才，那也一定要找到方法來投資自己。

基於某些原因，大部分的人都認為自己很害怕挑戰，但是當我們沒有任何挑戰的時候，又覺得很無聊，然後就會停滯不前。如果沒有受到任何挑戰，我們就不會意識到自己內在有什麼潛能，以及我們能夠有多大的成就。任何不願將自己逼瘋的創業家，都應該要放下「挑戰很恐怖」的觀念。挑戰是層出不窮的，所以你最好學會愛上挑戰，並且在挑戰之中變得更加茁壯。**每一次掙扎都是成長和進步的機會**。向

上升級的每一步，都會讓你感覺自己彷彿身陷困境且無法脫身，你會受到別人的檢視和考驗。再說一次，決定成功與否的，是你在不在乎。

用創業家精神來解決世界上的問題

世界上大部分的問題都將會被創業家解決，這句話我說了無數次。原因很簡單，因為創業家是在解決問題的人。他們會觀察一件複雜的事情、研究它、簡化它，最終找到方法來解決它。創業家可以解決健康、經濟、環境以及教育上的挑戰。

通常，一個從沒當過創業家的人，想要創業的第一個動力都是為了要賺到很多很多的錢，好讓自己可以擁有更大的房子、更大的車子以及其他玩具；這沒有什麼不對，但不應該只有這一點，你還需要更大的動力。現在的世界正仰賴我們去解決那些會不斷冒出來的重大問題。

商業遊戲有時候可能會很醜陋，新創墳場中有許多公司的經營者都很有才華、立意良善，卻還沒準備好要面對創業的混亂場面。如果你可以忍受被推到極限、被巨人踩在地上，以及被朋友排擠，然而卻還是願意忠於自己的任務，那麼這一切會是值得的。我的意思並不是到了「最後」，這一切才會是值得的；我的意思是，當你在為某件事情奮鬥的每一天，你根據未來現實生活的每一天，以及引導大家成為最

好的自己的每一天，你都會感受到努力有所回報。

　　這個世界需要你，需要你的想法、熱忱、勇氣與決心。現在，你已經讀完整本書，我有一個簡單的問題要問你：你接下來的五步是什麼？

　　我們已經談過如何精通這五個關鍵的步驟：

- 了解自己想要成為什麼樣的人
- 如何理解和處理議題
- 如何建立起你的團隊
- 如何運用策略來擴張版圖
- 如何使出強而有力的招數

　　本書一切的問題、工具和故事的目的都是要幫助你。然而，終究還是只有當你能應用從本書學到的東西時，才能真正從中受益。現在，是時候找出你接下來的幾步要怎麼走了。

　　至少要列出五步，如果很嚮往行家的思考模式，那就挑戰自己，列出十五步。你在做這件事的同時，也要考慮一下排序。你可能會很想要把第十五步提前到第三步就執行，但你不應該這麼做，而是要考量到全局。要記得，按照正確的順序走，才能讓你成為行家，而這就是你獲勝的方法，不管是在作戰室裡、董事會上還是床上都一樣。

計畫你接下來的步驟

外行人	1	
	2	
	3	
專家	4	
	5	
行家	6	
	7	
	8	
	9	
	10	
特級大師	11	
	12	
	13	
	14	
	15	

謝詞

派崔克・貝大衛

有鑑於我是我生命中 6 樣東西的副產品,因此我用了 6 個類別來向我所感恩的人致謝。

基因。這一切都要從我的父母開始說起,Gabreal Bet-David 與 Diana Boghosian,如果沒有他們的話,就不會有現在的我。

文化。我要感謝 5 個形塑出今日的我的文化,我是半個亞美尼亞人、半個亞述人,我在伊朗德黑蘭住了 10 年,其後到了德國的愛爾朗根尋求庇護,最後到了美國。每一個文化都對我現在看待人生的方式有著重大的影響。

經驗。大家都說偉大的演員就是那些生命中有著許許多多不同經歷的人,其中悲喜交雜。而我得說,這種說法也適用於商界,我對於生命中發生的每個事件都心懷感恩,即便在事情發生的當下,我並非都是用感激的態度看待。如果我並未在伊朗經歷過戰爭底下的生活、如果我沒待過難民營或是從軍,我就不會是今天的我。這些以及其他經歷都造就了

今日的我。

選擇。我做過許多糟糕的選擇，以及一些好的選擇。有些在一開始看起來像是極佳的選擇，後來卻發現事實並非如此；而有些選擇一開始感覺很糟糕，但最後也還好。這些全部的全部都教會我一些至今依然珍惜的教訓。有些選擇讓我付出的代價是錢，有些則是關係；也有些讓我賺到錢，有些讓我建立起一些關係。這些選擇對我來說，都讓我成為今日的我。

人。這同樣可以歸到幾個不同類別裡。首先，我必須感謝我的太太 Jennifer Bet-David，她是從最一開始就支持著我的人。我遇到她的那一天，徹底改變了我的人生。她孕育了我們的 3 個孩子：Patrick、Dylan、Senna，他們每個人都用各自獨特的方式改變了我的生命。

我要感謝我人生中第一個最好的朋友，我的姊姊 Polet Bet-David，她的先生 Siamak Sabetimani 成了我從未有過的兄弟。在我有自己的 3 個孩子之前，我就已經先愛上他們的孩子了，他們是 Grace Sabetimani 和 Sean Sabetimani。

我極度感謝 PHP 事務所的領導團隊，即便情勢對我們不利，但他們還是相信我所拋出來的願景。要是沒有勇氣、專注和領導團隊的人才，我們絕對不可能建立起一家有著 15,000 名保險經紀人的事務所。他們分別是：Sheena Sapaula 與 Matt Sapaula 夫婦，以及 Jose Gaytan 與 Marlene Gaytan 夫婦，還有其他很多人。

要找到自己的競選夥伴是一件十分艱難的事情，但是 Mario Aguilar 在許多專案上都恰好就是我的競選夥伴，其中也包含了協助我整理出本書的內容。

如果沒有我的經紀人 Scott Hoffman，這本書就不可能會出現。

我也要感謝我的協作者 Greg Dinkin，他幫助我組織了我的點子和經驗，並做出一個結構。特別感謝那些當我們卡在某個點子或是書裡某個章節時，曾經幫助我組織我的想法的人：Maral Keshishian、Tigran Bekian、Tom Ellsworth、David Moldawar 以及 Kai Lode。

我很感謝我的出版商 Jennifer Bergstrom，還有我們超棒的編輯 Karyn Marcus 與 Rebecca Strobel。也非常感謝 Lynn Anderson 和 Eric Raymer 對於細節的驚人注意力。

要不是因為「價值娛樂」頻道上百萬的粉絲，以及那些訂閱每月最新內容的創業家，我就不會寫這本書，我很感謝你們，你們讓我充滿幹勁，其程度溢於言表。

我們常常只去認可那些愛我們、支持我們的人，卻忘了我們的競爭對手、討厭與批評我們的人。那些曾經質疑過我的人，在我的心中有個特別的位置，我很想一一列出他們的名字，但那樣的話，我需要用好幾頁才能寫完。你們要知道我愛你們，也極度感謝你們。

啟發。我生命中有過幾個時刻，正是我受到啟發要去做大事的時刻。有好幾個經驗彷彿是不停在將我拉進去，即便

我一開始並不想要投身其中。現在當我回頭去看，我很高興自己選擇去做，並盡力做到最好。這樣具有啟發性的時刻，正是我有辦法總是精力充沛的原因，也是我每天早上起床都很興奮的原因，因為我準備去完成我創造出的下一個願景。

格雷格‧丁金（協作者）

就跟我第一次遇到派崔克時一樣，你可能正在想，這傢伙是玩真的嗎？身為撲克牌大賽的冠軍，以及《撲克牌MBA》（*The Poker MBA*）一書的作者，我心中有一台很精準的胡扯探測器，我總是在找機會抓到吹牛的人，並測試他們說的是不是真的。

2019 年 5 月，在我開始跟派崔克一起工作之後一個月，我去達拉斯參加了「拱頂」會議。在開場的策略會議中，面對與會者的眾多問題，派崔克都巧妙地回答了。如此一來，他就會想起關於這些人公司的一些具體細節。「喔對啊，」他會這樣說，「我們 2 年前談過你的薪酬計畫，你有繼續在追蹤嗎？」或者是：「我記得我們通過幾封電子郵件，討論你需要在分析上多做一點投資，你開始做了沒？還沒嗎？為什麼？」

我對於他的記憶力感到相當震驚，但更讓我印象深刻的是他在商業上的敏銳度。後來我才明白他正在指導好幾十個創業家，而且是免費的，純粹出自於他想要有所回饋的欲

望，同時還經營著自己的公司、撫養著 3 個孩子，並持續擴充他的知識基礎（我從沒遇過任何人讀的書跟他一樣多、跟他一樣努力精進自己）。

有關我對於派崔克投入這些事（替「價值娛樂」創作影片、舉辦工作坊以及撰寫本書）的所有疑慮都消失了。那晚我親眼目睹到這些事情，在接下來的一年中也持續見到這些事情的發生，派崔克是那麼真摯、可靠且關心他人。

如果你把他的成功歸結到一項人格特質的話，那就會是這一點：他真心在乎別人是否完成他們的夢想。即便我們已經盡力把派崔克全部的知識注入這本書裡，卻還是無法完整傳達出他對於他人的愛與付出，以及就是這個祕密讓他成為世界上現存最偉大的領導人之一（至少在我看來，他正是這樣一個人）。

想像一下，一個人花了不少時間想要真正了解你，還會問你一些問題，幫助你找出自己想成為什麼樣的人；他通常會讓你回想過去，並說出你最瘋狂的野心。接著，想像一下他支持你，給你資源並指導你，與此同時讓你負起責任，成為最好的自己，達到連你自己都不知道有辦法達成的高度。再接著，想像一下他對自己的要求比對你的還高，你怎麼能不登上高峰呢？派崔克將無數的人塑造成百萬富翁（他們甚至連大學文憑都沒有），而這並不是意外。愛當然很重要，這點無庸置疑，要是再加上當責性、領導能力以及可以追隨的典範，隨之而來的就會是驚人的成功。

我覺得自己很幸運，可以坐在第一排觀察這個優秀的人類。試想自己是籃球選手，並且有機會可以花一年的時間跟著勒布朗·詹姆士學習。如果你覺得我過譽了，那是因為我心中充滿了感恩之情。對我來說，這一開始只是一個寫作的專案，結果卻變成是一個博士班的學程，主修是如何釋放人類的潛能。最終，我既變成了一名更好的教練／領導人，也成為了更好的自己。看見有這麼多人都已經得益於派崔克的知識，對我來說是很大的動力，促使我把派崔克工具箱裡的每一項智慧都拿出來給你們。

　　除了對於派崔克的感謝之外，我還想要感謝 Mario Aguilar，他的專業能力完美無瑕，還是個終極的參謀，在過程的每個階段中，他都是一項重要的資產。我很感謝博學多聞的經紀人 Scott Hoffman，謝謝他聽從了自己的直覺，認為我跟派崔克會一拍即合。我也很感謝家人和朋友的支持。爸、媽、Andy、Jayme、Leslie、Drew、Logan、Thea、Michelle、Cully、Josh、Bryan、Paul、Charlie、Mark、Monique、George、Chris、Stuckey 和 Frank，他們每個人都用自己獨到的方式做出了貢獻。

什麼事能激發你的動力？

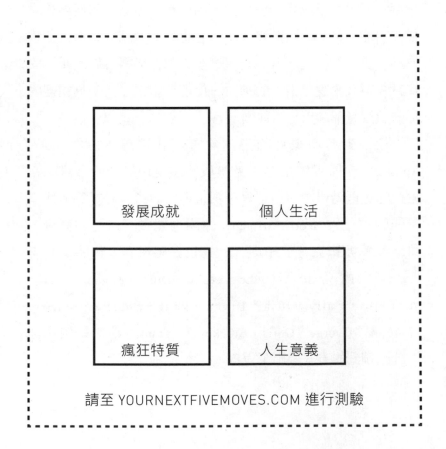

發展成就	個人生活
瘋狂特質	人生意義

請至 YOURNEXTFIVEMOVES.COM 進行測驗

自我認同稽核表

01.你認為世界是如何看待你的？

02.你是如何看待自己的？

03.「公開的你」跟「私下的你」有何不同？

04.哪些情況會讓你展現出最好的自己？（會去競爭並拿到最佳成果的那個自己？）
- ☐ 競爭
- ☐ 害怕失去
- ☐ 一個挫折
- ☐ 一場勝利
- ☐ 有相信你的人
- ☐ 有需要證明的觀點

05.回想你職涯中最迫切想要獲得成功的 90 天。當時激發你動力的是什麼？

06.面對公開的失敗，你會怎麼處理？

07.你有沒有自己缺乏努力或紀律，卻把問題怪到其他人身上的傾向？如果有的話，為什麼？

08.你是否覺得即便不是自己賺來的，但擁有這些東西是理所當然的？

09.你有多難相處？
□ 非常難相處
□ 難相處
□ 有點難相處
□ 好相處
□ 非常好相處

10.你跟自己很像的人處得來嗎？還是你只忍受得了自己一個？

11.當你就快要失敗的時候，你會想找誰聊聊？
□ 領先你的人
□ 跟你不相上下的人
□ 落後你的人
□ 誰都不想

12.你偷偷在嫉妒的對象是誰？不用寫下來也沒關係，除了你以外，沒有人會知道你的答案。你跟你最嫉妒的人之間，關係怎麼樣？這樣的嫉妒中，有多少是因為你不願去做對方願意做的事情？

13.你最厭煩哪種人？為什麼？

14.你最喜歡哪種人？為什麼？

15.你最常跟誰一起合作？

16. 你最敬佩他人身上哪些特質和特徵？

17. 你怎麼處理壓力？

18. 你多常挑戰自己的願景，以改善你的觀點？

19. 什麼事情會帶出你最糟糕的一面？為什麼？

20. 什麼事情會帶出你最好的一面？為什麼？

21. 你在事業上與人生中最重視的是什麼？

22. 對於你所處的行業，最讓你覺得恐懼的是什麼？

23. 你最自豪的成就是什麼？為什麼？

24. 你想要成為什麼樣的人？

25. 你想要過著什麼樣的生活？

你接下來的五步是什麼？

解出「X 值」的表單

派崔克・貝大衛的決策流程

問題：_____

調查	解決	執行
迫切性 **0-10 分**	**需要誰？**	**需要誰的支持？**
整體影響 ① 潛在收益 ② 潛在損失	**解決方法清單**	**責任指派**
問題的真實原因 Why? Why? Why?	**潛在的負面結果**	**新的規程**

推薦閱讀清單

派崔克・貝大衛最推薦的 52 本商業書籍

01.《藍海策略：再創無人競爭的全新市場》，金偉燦與芮妮・莫伯尼合著

02.《原則：生活和工作》，瑞・達利歐著

03.《董事會的前一夜》，派屈克・藍奇歐尼著

04.《公司賺錢有這麼難嗎：賣得掉的才是好公司，17 招打造沒有你也行的搖錢樹》，約翰・瓦瑞勞著

05.《競爭策略：產業環境及競爭者分析》，麥可・波特著

06.《增效器（修訂版）：最厲害的領導人如何讓所有人都變聰明》，利茲・懷茲曼著 [22]

07.《十倍速時代：唯偏執狂得以倖存 英特爾傳奇 CEO 安迪・葛洛夫的經營哲學》，安迪・葛洛夫著

08.《定位：在眾聲喧嘩的市場裡，進駐消費者心靈的最佳方法》，艾爾・賴茲與傑克・屈特合著

09.《克服團隊領導的 5 大障礙：洞悉人性、解決衝突的白金法則》，派屈克・藍奇歐尼著

10.《精實創業：用小實驗玩出大事業》，艾瑞克・萊斯著

11.《成功，從聚焦一件事開始：不流失專注力的減法原則》，蓋瑞・凱勒著

12.《喚醒你心中的大師：偷學 48 位大師精進的藝術，做個厲害的人》，羅伯・葛林著

---

22 譯注：暫無中譯本，作者為 Liz Wiseman，原文書名為 *Multipliers, Revised and Updated: How the Best Leaders Make Everyone Smarter*。

13. 《生存的 12 條法則：當代最具影響力的公共知識分子，對混亂生活開出的解方》，喬登·彼得森著

14. 《精通洛克斐勒的習慣：為了替成長中的公司增加價值，你必做的事》，凡爾納·哈尼斯著 [23]

15. 《戰爭的 33 條戰略》，羅伯·葛林著

16. 《沉思錄》，馬可·奧理略著

17. 《富甲天下：Wal-Mart 創始人山姆·沃爾頓自傳》，山姆·沃爾頓著

18. 《杜拉克精選：一本書帶你看彼得·杜拉克六十年來最精華的管理學文章》，彼得·杜拉克著 [24]

19. 《部落領導學》，戴夫·羅根、約翰·金恩與海莉·費雪萊特合著

20. 《教練：價值兆元的管理課，賈伯斯、佩吉、皮查不公開教練的高績效團隊心法》，艾力克·施密特、強納森·羅森柏格與亞倫·伊格爾合著

21. 《從 0 到 1：打開世界運作的未知祕密，在意想不到之處發現價值》，彼得·提爾著

22. 《有道德的管理之力量》，肯恩·布蘭查與諾曼·文森·皮爾合著 [25]

23. 《黏力，把你有價值的想法，讓人一輩子都記住！：連國家領導人都適用的設計行為學》，奇普·希思與丹·希思合著

24. 《孫子兵法》，孫子著

25. 《哈佛商學院最實用的創業課：教你預見並避開創業路上的致命陷阱》，諾姆·華瑟曼著

26. 《創新與創業精神：管理大師彼得·杜拉克談創新實務與策略》，彼得·杜拉克著

---

23 譯注：暫無中譯本，作者為 Verne Harnish，原文書名為 *Mastering the Rockefeller Habits: What You Must Do to Increase the Value of Your Growing Firm*。

24 譯注：暫無中譯本，作者為 Peter F. Drucker，原文書名為 *The Essential Drucker: In One Volume the Best of Sixty Years of Peter Drucker's Essential Writings on Management*。

25 譯注：暫無中譯本，作者為 Ken Blanchard 和 Norman Vincent Peale，原文書名為 *The Power of Ethical Management*。

27. 《不小心變成百萬富翁：如何試都不試就成功》，蓋瑞‧方著 [26]

28. 《基業長青：高瞻遠矚企業的永續之道》，詹姆‧柯林斯與傑瑞‧薄樂斯合著

29. 《打造爆紅集客力：成功新創企業都在用的 19 種行銷密技》，蓋布瑞‧溫伯格著

30. 《提升組織力：別再扼殺員工和利潤》，羅伯特‧湯森著

31. 《獲利世代：自己動手，畫出你的商業模式》，亞歷山大‧奧斯瓦爾德與伊夫‧比紐赫合著

32. 《成長之痛：從企業家精神轉換到專業管理公司》，艾瑞克‧法蘭霍茲與伊芳‧藍道合著 [27]

33. 《葛洛夫給經理人的第一課：從煮蛋、賣咖啡的早餐店談高效能管理之道》，安德魯‧葛洛夫著

34. 《富爸爸，窮爸爸》，羅勃特‧清崎著

35. 《交易的藝術：唐納‧川普自傳》，唐納‧川普著 [28]

36. 《什麼才是經營最難的事？：矽谷創投天王告訴你真實的管理智慧》，本‧霍羅維茲著

37. 《輕度狂躁的優勢：在美國（些微的）瘋狂和（大量的）成功之間的關聯性》，約翰‧加特納著 [29]

38. 《拿破崙‧希爾成功法則》，拿破崙‧希爾著

39. 《創業這條路：從一人公司到一個企業組織，要成功創業必須知道的「方法」與「心法」！》，麥克‧葛伯著

40. 《反叛，改變世界的力量：華頓商學院最啟發人心的一堂課 2》，亞當‧格蘭特著

---

26 譯注：暫無中譯本，作者為 Gary Fong，原文書名為 *The Accidental Millionaire: How to Succeed in Life Without Really Trying*。

27 譯注：暫無中譯本，作者為 Eric G. Flamholtz 和 Yvonne Randle，原文書名為 *Growing Pains: Transitioning from an Entrepreneurship to a Professionally Managed Firm*。

28 譯注：暫無中譯本，作者為 Donald J. Trump，原文書名為 *Trump: The Art of the Deal*。

29 譯注：暫無中譯本，作者為 John D. Gartner，原文書名為 *The Hypomanic Edge: The Link Between (a Little) Craziness and (a Lot of) Success in America*。

41.《窮查理的普通常識（增修第三版）：巴菲特 50 年智慧合夥人查理‧蒙格的人生哲學》，查理‧蒙格著，彼得‧考夫曼編

42.《零偏見決斷法：如何擊退阻礙工作與生活的四大惡棍，用好決策扭轉人生》，奇普‧希思與丹‧希思合著

43.《失控的自信：拿掉自大，你的自信才攻不可破！》，萊恩‧霍利得著

44.《鋼鐵人馬斯克：從特斯拉到太空探索，大夢想家如何創造驚奇的未來》，艾胥黎‧范思著

45.《向林肯學領導》，唐納‧菲利普著

46.《麥可喬丹傳》，羅倫‧拉森比著

47.《CEO 基因：四種致勝行為，帶他們走向世界頂尖之路》，艾琳娜‧L‧波特羅與金‧R‧鮑威爾合著

48.《心靈能量：藏在身體裡的大智慧》，大衛‧霍金斯著

49.《權力世界的叢林法則 I》，羅伯‧葛林著

50.《我愛資本主義！美國的故事》，肯恩‧藍格尼著 [30]

51.《領導者的 7 次微笑：從野蠻到官僚的循環》，勞倫斯‧米勒著

52.《讓鱷魚開口說人話：卡內基教你掌握「攻心溝通兵法」的 38 堂課》，戴爾‧卡內基著

其他參考書籍

- 《愛之語：永久相愛的祕訣》，蓋瑞‧巧門著
- 《與成功有約：高效能人士的七個習慣》，史蒂芬‧柯維著
- 《訂婚前要問的 101 個問題》，諾曼‧萊特著 [31]
- 《大賣空：預見史上最大金融浩劫之投資英雄傳》，麥可‧路易士著
- 《再也沒有難談的事：哈佛法學院教你如何開口，解決切身的大小事》，道格拉斯‧史東、布魯斯‧巴頓與席拉‧西恩合著
- 《領導人都是瘋子：第一本解析領導特質與精神疾病關聯的機密報告》，納瑟‧根米著
- 《新反敗為勝：大陸航空重登高峰的傳奇故事》，葛登‧貝紳著

---

30 譯注：暫無中譯本，作者為 Ken Langone，原文書名為 *I Love Capitalism!: An American Story*。
31 譯注：暫無中譯本，作者為 H. Norman Wright，原文書名為 *101 Questions to Ask Before You Get Engaged*。

- 《卡內基快樂學：如何停止憂慮重新生活》，戴爾‧卡內基著
- 《智慧型股票投資人》，班傑明‧葛拉漢著
- 《魔球：逆境中致勝的智慧》，麥可‧路易士著
- 《脆弱的力量》，布芮尼‧布朗著
- 《給力：矽谷有史以來最重要文件 NETFLIX 維持創新動能的人才策略》，珮蒂‧麥寇德著
- 《擴張：少數企業是如何成功的，其他企業是如何失敗的》，凡爾納‧哈尼斯著 [32]
- 《祕密》，朗達‧拜恩著
- 《賈伯斯傳》，華特‧艾薩克森著
- 《幸好今天星期一：如何不因事業成功而毀了你的婚姻》，皮耶‧莫內爾著 [33]
- 《豐田模式：精實標竿企業的 14 大管理原則》，傑弗瑞‧萊克著
- 《抓地力：掌握你的企業》，吉諾‧威克曼著 [34]
- 《洛克斐勒家族會怎麼做？富人如何變有錢並保持富裕，你也做得到》，嘉瑞特‧岡德森與麥可‧伊松著 [35]
- 《建國者會怎麼做？：我們的問題，他們的答案》，理查‧布魯克海瑟著 [36]
- 《贏家說真話：美國經營之神的處世哲學》，強‧杭士曼著

請至「價值娛樂」的 YouTube 頻道收看更多內容：
http://www.youtube.com/c/valuetainment

---

32 譯注：暫無中譯本，作者為 Verne Harnish，原文書名為 *Scaling Up: How a Few Companies Make It... and Why the Rest Don't*。
33 譯注：暫無中譯本，作者為 Pierre Mornell，原文書名為 *Thank God It's Monday: How to Prevent Success from Ruining Your Marriage*。
34 譯注：暫無中譯本，作者為 Gino Wickman，原文書名為 *Traction: Get a Grip on Your Business*。
35 譯注：暫無中譯本，作者為 Garrett B. Gunderson 和 Michael G. Isom，原文書名為 *What Would the Rockefellers Do? How the Wealthy Get and Stay That Way, and How You Can Too*。
36 譯注：暫無中譯本，作者為 Richard Brookhiser，原文書名為 *What Would the Founders Do?: Our Questions, Their Answers*。

BIG 367

步步為贏：超前部署你的下五步，學習億萬富翁企業家的致勝謀略

作　　者－派崔克‧貝大衛（Patrick Bet-David）、格雷格‧丁金（Greg Dinkin）
譯　　者－陳映竹
主　　編－陳家仁
編　　輯－黃凱怡
協力編輯－聞若婷
企　　劃－藍秋惠
封面設計－木木 Lin
內頁設計－李宜芝

總 編 輯－胡金倫
董 事 長－趙政岷
出 版 者－時報文化出版企業股份有限公司
　　　　　108019 台北市和平西路三段 240 號 4 樓
　　　　　發行專線－ (02)2306-6842
　　　　　讀者服務專線－ 0800-231-705‧(02)2304-7103
　　　　　讀者服務傳真－ (02)2304-6858
　　　　　郵撥－ 19344724 時報文化出版公司
　　　　　信箱－ 10899 臺北華江橋郵政第 99 信箱
時報悅讀網－ http://www.readingtimes.com.tw
法律顧問－理律法律事務所 陳長文律師、李念祖律師
印　　刷－勁達印刷有限公司
初版一刷－ 2021 年 7 月 30 日
定　　價－新台幣 480 元
（缺頁或破損的書，請寄回更換）

時報文化出版公司成立於一九七五年，
並於一九九九年股票上櫃公開發行，於二○○八年脫離中時集團非屬旺中，
以「尊重智慧與創意的文化事業」為信念。

步步為贏：超前部署你的下五步，學習億萬富翁企業家的致勝謀略 /
派崔克．貝大衛 (Patrick Bet-David), 格雷格‧丁金 (Greg Dinkin) 作 ;
陳映竹譯 . -- 初版 . -- 臺北市：時報文化出版企業股份有限公司 , 2021.07
384 面；14.8 x 21 公分 . --(Big；367)

譯自：Your next five moves: master the art of business strategy.

ISBN 978-957-13-9049-9(平裝)

1. 企業經營 2. 策略規劃 3. 職場成功法

494　　　　　　　　　　　　　　　　　　　　　110008179

ISBN 978-957-13-9049-9
Printed in Taiwan